ISSN 0044-2259

ZEITSCHRIFT FÜR ANGEWANDTE GEOLOGIE

HERAUSGEGEBEN VOM
ZENTRALEN GEOLOGISCHEN INSTITUT
IM AUFTRAG DES
MINISTERIUMS FÜR GEOLOGIE

AUS DEM INHALT

AKADEMIE-VERLAG · BERLIN

HEFT 1
BAND 24
JANUAR 1978
SEITE 1–56
EVP: 2,– M
34 114

Herausgeber: Prof. Dr. Karl Schmidt

Chefredakteur: Dr. Kurt Kauter

Die ZEITSCHRIFT FÜR ANGEWANDTE GEOLOGIE berichtet ständig über folgende Arbeitsgebiete: Geologische Grundlagenforschung und Lagerstättenforschung / Methodik der geologischen Erkundung / Ökonomie und Planung der geologischen Erkundung / Technik der geologischen Erkundung / Geologie und Lagerstättenkunde im Ausland. In der Zeitschrift können alle strittigen Fragen der praktischen Geologie behandelt werden. Die Autoren übernehmen für ihre Aufsätze die übliche Verantwortung.

ZEITSCHRIFT FÜR ANGEWANDTE GEOLOGIE

Träger der Ehrennadel in Gold
der Gesellschaft für Deutsch-Sowjetische Freundschaft

BAND 23 · 1977 · HEFT 1 bis 12

INHALTSVERZEICHNIS

Inhaltsverzeichnis

Inhaltsverzeichnis

Regionale Geologie, Tektonik, Stratigraphie, Lithologie

Erdöl- und Erdgasgeologie

Minerogenie und Lagerstättenkunde

Geochemie

Geophysik, Gesteinsphysik

Mineralogie, Petrographie

Hydrogeologie

Ingenieurgeologie, Bodengeologie

Reservoirmechanik, Untergrundspeicherung

Meeresgeologie

Rohstoff- und Lagerstättenwirtschaft, Vorratsberechnung

Leitung, Planung, Ökonomie

Methodik der Suche und Erkundung

Mathematische Geologie und Datenverarbeitung, Statistik

Verschiedenes (Technik, Analytik, Geschichte u. a.)

Wissenschaftliche Tagungen

Buchbesprechungen

Bezugsmöglichkeiten der „Zeitschrift für angewandte Geologie"

Bestellungen sind zu richten

- **in der DDR** an den Postzeitungsvertrieb; an eine Buchhandlung oder an den Akademie-Verlag, DDR 108 - Berlin, Leipziger Straße 3–4
- **im sozialistischen Ausland** an eine Buchhandlung für fremdsprachige Literatur oder an den zuständigen Postzeitungsvertrieb
- **in der BRD und Westberlin** an eine Buchhandlung oder an die Auslieferungsstelle KUNST und WISSEN, Erich Bieber, 7 Stuttgart, Wilhelmstraße 4–6
- **in Österreich** an den Globus-Buchvertrieb, 1201 Wien, Höchstädtplatz 3
- **im übrigen Ausland** an den Internationalen Buch- und Zeitschriftenhandel; den Buchexport, Volkseigener Außenhandelsbetrieb der Deutschen Demokratischen Republik. DDR - 701 Leipzig, Postfach 160, oder an den Akademie-Verlag, DDR - 108 Berlin, Leipziger Straße 3–4.

„Zeitschrift für angewandte Geologie"

Herausgeber: Prof. Dr. KARL SCHMIDT, Direktor des Zentralen Geologischen Instituts, Berlin, im Auftrage des Ministeriums für Geologie der Deutschen Demokratischen Republik.

Chefredakteur: Dr. KURT KAUTER, Zentrales Geologisches Institut, Berlin.

Anschrift der Redaktion: DDR - 1054 Berlin, Kastanienallee 69 (Fernruf 2824293/2824593).

Verlag: Akademie-Verlag, DDR - 108 Berlin, Leipziger Straße 3–4; Fernruf: 2236221 oder 2236229; Telex-Nr. 114420; Postscheckkonto: Berlin 35021.

Bank: Staatsbank der DDR, Berlin Kto.-Nr. 6836-26-20712.

Veröffentlicht unter der Lizenznummer 1279 des Presseamtes beim Vorsitzenden des Ministerrates der Deutschen Demokratischen Republik.

Gesamtherstellung: VEB Druckhaus „Maxim Gorki", DDR - 74 Altenburg.

Erscheinungsweise: Die Zeitschrift erscheint monatlich. Die 12 Hefte eines Jahres bilden einen Band. Bezugspreis je Band 144,– M zuzüglich Versandspesen (Preis für die DDR 24,– M). Bezugspreis je Heft 12,– M (Preis für die DDR 2,– M).

Bestellnummer des Bandes 1047/23.

AN (EDV) 32138

ISSN 0044-2259

Zeitschrift für angewandte Geologie 1/78

Herausgegeben vom Zentralen Geologischen Institut Berlin im Auftrag des Ministeriums für Geologie der Deutschen Demokratischen Republik
Verlag: Akademie-Verlag, 108 Berlin, Leipziger Straße 3–4

IWANOWA, A. A.

Die Prognostizierung von Fluoritlagerstätten

Z. angew. Geol., Berlin, 24 (1978) 1, S. 1–5, 3 Tab., 29 Lit.

Im Zusammenhang mit der zunehmenden Stahl- und Aluminiumproduktion ist es notwendig, größere Mengen an Fluoritkonzentrat bereitzustellen. Der Beitrag befaßt sich mit den geologischen Aufgaben (Prognose und Erkundung) bei der Suche nach Fluoritlagerstätten. Es werden die Verteilungsgesetzmäßigkeiten der wichtigsten fluoritführenden Formationen und die Einschätzung höffiger Gebiete mittels mathematischer Methoden zur Quantifizierung der Fluoritlagerstätten (und Begleitmineralien) dargestellt.

ZIEGENHARDT, W.; HEINRICH, J.; REH, B.

Über Fehlereinflüsse bei der petrophysikalischen Speicher- und Deckgebirgsbewertung im geklüfteten Gestein

Z. angew. Geol., Berlin, 24 (1978) 1, S. 6–15, 8 Abb., 1 Tab., 13 Lit.

Es werden beträchtliche Fehlereinflüsse bei laborativen Porositäts-, Permeabilitäts- und Kapillardruckmessungen der Gesteinsmatrix belegt, die durch intensive Klüftung verursacht sind. Am Beispiel eines Speichers in dichten Rotliegendsedimenten kann dieser Fehler quantifiziert werden. Erst damit ist eine realistische Einschätzung der Matrixspeichereigenschaften möglich. Natürliche, vor allem aber künstlich entstandene (aufbereitungstechnisch verursachte) Risse in Probekörpern können bei der geologischen Dichtheitsbewertung von Deckgebirgsschichten zu falschen Schlußfolgerungen führen. Das wird an verschiedenen Beispielen für Schichten mit eindeutig abdeckendem Charakter demonstriert.

BLANKENBURG, H.-J.

Zum Spurenelementgehalt der Quarze im Glassand von Hohenbocka

Z. angew. Geol., Berlin, 24 (1978) 1, S. 15–17, 3 Abb., 2 Tab., 4 Lit.

Zwischen dem Spurenelementgehalt der Quarze und deren Primärgenese konnten Beziehungen festgestellt werden, die im Hohenbockaer Sand gleichzeitig zur Korrelation genutzt werden können. Auf die Bedeutung für geologisch-genetische Aussagen und für die Rohstoffnutzung wird hingewiesen.

MACH, B.

Niveau und Entwicklung der Gesamtkosten für das Niederbringen von Bohrungen in Abhängigkeit von der Teufe

Z. angew. Geol., Berlin, 24 (1978) 1, S. 18–20, 1 Abb.

Vorliegende Arbeit befaßt sich mit dem Kostenverhalten von Erdöl-Erdgasbohrungen in Abhängigkeit von der Endteufe. Auf der Grundlage von Ergebnissen der Jahre 1970/76 wird graphisch und mathematisch ein gesetzmäßiger Zusammenhang nachgewiesen, der sich in der Parabelfunktion $k = at^2 + bt$ ausdrückt. Es werden Schlußfolgerungen hinsichtlich zukünftiger Preis- und Aufwandsnormativarbeit sowie langfristiger Trends der Aufwendungen für Bohrungen bisher nicht erreichter Teufen gezogen.

BACHMANN, H.

Zur Ökonomie mineralischer Rohstoffe
Ergebnisse der Forschung an der Sektion Sozialistische Betriebswirtschaft der Bergakademie Freiberg

Z. angew. Geol., Berlin, 24 (1978) 1, S. 20–25, 3 Tab., 9 Lit.

Im gesellschaftswissenschaftlichen Bereich der Bergakademie Freiberg werden verstärkt Forschungsarbeiten zur Ökonomie mineralischer Rohstoffe durchgeführt. Die Untersuchungen umfassen die drei Komplexe: Stellung mineralischer Rohstoffe in der Volkswirtschaft und in der Weltwirtschaft, Ökonomie der geologischen Suche und Erkundung und Analyse lagerstättenwirtschaftlicher Probleme. In Zusammenarbeit mit der Industrie und in interdisziplinärer Forschung an der Hochschule werden wichtige Fragen der Mineralrohstoffwirtschaft theoretisch durchdrungen und praxisbezogene Lösungen abgeleitet. Für die einzelnen Gebiete werden ausgewählte Forschungsergebnisse diskutiert; die Richtung weiterer Untersuchungen wird charakterisiert.

KÜHL, A.

Mathematische Modellierung von Karbonatgesteinslagerstätten

Z. angew. Geol., Berlin, 24 (1978) 1, S. 26–32, 13 Abb., 6 Lit.

Der ständig wachsende Bedarf an Karbonatrohstoffen und die steigenden Forderungen der Verfahrenstechnik an die geochemische und petrophysikalische Homogenität ihrer Lagerstätten machen die Anwendung der mathematischen Lagerstättenmodellierung erforderlich. Es werden einige Methoden von BUKRINSKI und NEMEC, insbesondere dessen komplexe Raummodelle, erläutert. Diese bilden die Grundlage für die Erarbeitung strategischer, taktischer und operativer Raum- und Zeitmodelle, mit denen eine optimale Abbauplanung möglich ist.

PUTSCHER, S.; BACHMANN, G.; KADO, H.

Zur Methodik der Dokumentation von Hangbewegungen

Z. angew. Geol., Berlin, 24 (1978) 1, S. 33–37, 3 Abb., 2 Tab., 9 Lit.

In diesem Beitrag handelt es sich bei den hier empfohlenen Bewertungs- und Aufnahmekriterien für Hangbewegungen auf dem Territorium der DDR ausschließlich um Rahmenrichtlinien, die Grundforderungen für ein einheitliches Vorgehen bei der Aufnahme und Bewertung von Rutschungen festlegen. Sie sind nicht als starre Vorgabe zu betrachten und demzufolge auch nicht so zu handhaben, sondern sollten nach Bedarf im Rahmen des vorgelegten Schemas ergänzt werden. Es ist das Anliegen der Verf., mit diesem Beitrag eine Vereinheitlichung sowohl bei der Dokumentation als auch bei der Bewertung von Rutschungen anzuregen.

HÄHNE, R.

Neue methodische Aspekte einer paläohydrogeologischen Analyse

Z. angew. Geol., Berlin, 24 (1978) 1, S. 38–43, 4 Abb., 2 Tab., 17 Lit.

Aufbauend auf bisherigen paläohydrogeologischen Arbeiten sowjetischer und DDR-Autoren werden methodische Ergänzungen und Weiterentwicklungen, besonders für die Rekonstruktion der Entwicklung der hydrogeologischen Eigenschaften und Lagerung der Sedimente während der geologischen Geschichte dargestellt, sowie am Beispiel des Mesozoikums des Mitteleuropäischen Beckens erläutert. Großer Wert wird dabei auf eine Bestimmung der realen Mächtigkeiten unter Berücksichtigung der Porenraumreduktion gelegt. Eine zusammenfassende Darstellung von paläohydrogeologischen Kriterien einer Nutzstoffanreicherung bzw. -zerstörung wird gegeben.

FRÖHLICH, K.; KATER, R.

^{32}Si-Verluste bei Grundwasserdatierungen mit natürlichem ^{32}Si

Z. angew. Geol., Berlin, 24 (1978) 1, S. 43–49, 4 Abb., 6 Tab., 25 Lit.

Die gemessenen ^{32}Si-Aktivitäten rezenter Grundwässer sind teilweise beträchtlich geringer als die erwarteten, der ^{32}Si-Grundwasseranfangsaktivität entsprechenden Werte. ^{32}Si-Verluste der Lösung nach deren Einwirken auf Gesteinsproben konnten auch in Laborexperimenten mit ^{32}Si-markierten Lösungen nachgewiesen werden. Geochemische Reaktionen, die zu nichtradioaktiven ^{32}Si-Verlusten führen können, werden diskutiert und die Höhe dieser Verluste abgeschätzt. Es wird gezeigt, daß ^{32}Si-Messungen trotz des noch unzureichend gelösten Problems der ^{32}Si-Verluste eine wertvolle Ergänzung bei der Grundwasserdatierung mit ^{3}H und ^{14}C darstellen.

VOLKE, P.

Ein Verfahren zur halbquantitativen spektrographischen Übersichtsanalyse silikatischer Materialien

Z. angew. Geol., Berlin, 24 (1978) 1, S. 49–51, 2 Abb., 2 Lit.

Es wird ein Verfahren zur halbquantitativen spektrographischen Übersichtsanalyse silikatischer Materialien beschrieben, das 46 emissionsspektrographisch bestimmbare Elemente in einem Konzentrationsbereich von 10% (bei selteneren Elementen 1%) bis zur Nachweisgrenze bzw. bis 10^{-5}% erfaßt. Als Grundsubstanz für die Eichung dient ein Quarzsand hoher Reinheit. Die Proben wurden mit Spektralkohlepulver gemischt und nach Verbrennen im Wechselstromabrißbogen im Gleichstromdauerbogen angeregt. Die Spektren werden mittels Quarzspektrograph aufgenommen. Zur Auswertung wird eine selbstgefertigte Skala benutzt.

DOERFFEL, K.; TAGLE, A.

Spektrometrische Lösungsanalyse von polymetallischem Erz mit Hilfe des stabilisierten Lichtbogens

Z. angew. Geol., Berlin, 24 (1978) 1, S. 51–52, 2 Abb., 2 Tab., 8 Lit.

Zeitschrift für angewandte Geologie 1/78

Herausgegeben vom Zentralen Geologischen Institut Berlin im Auftrag des Ministeriums für Geologie der Deutschen Demokratischen Republik
Verlag: Akademie-Verlag, 108 Berlin, Leipziger Straße 3–4

IWANOWA, A. A.

The Prognostication of Fluorite Deposits

Z. angew. Geol., Berlin, 24 (1978) 1, pp. 1–5, 3 Tables, 29 Refs.

As major quantities of concentrate of fluorite must be made available in connection with the increasing production of steel and aluminium, geological problems (prognosis and exploration) to be solved in the prospection of fluorite deposits are discussed. The regularities of distribution of the most important fluorite-bearing formations are mentioned, as is the estimate of probably bearing areas by means of mathematical methods quantifying fluorite deposits (and accessory minerals).

ZIEGENHARDT, W.; HEINRICH, J.; REH, B.

Influences of Errors on the Petrophysical Evaluation of Reservoir and Cover in the Jointed Rock

Z. angew. Geol., Berlin, 24 (1978) 1, pp. 6–15, 8 Figs., 1 Table, 13 Refs.

Considerable influences of errors caused by intense jointing are demonstrated in laboratory measurements of the porosity, permeability and capillary pressure of the rock matrix. A reservoir in compact Lower Permian sediments serves as an example to quantify these errors. Thus only the storage capacity of the matrix can be estimated realistically. Natural cracks, but above all those formed artificially in test specimens (which are due to the dressing technique), may lead to wrong conclusions in the geological evaluation of covering beds, as is demonstrated by various examples of beds having a clearly covering character.

BLANKENBURG, H.-J.

The Content of Trace Elements of Quartzes in the Quartz Sand of Hohenbocka

Z. angew. Geol., Berlin, 24 (1978) 1, pp. 15–17, 3 Figs., 2 Tables, 4 Refs.

Relations could be stated between the content of trace elements of quartzes and their primary genesis, which can simultaneously be used for correlation in the sand of Hohenbocka. The importance for geological-genetical statements and for the utilization of raw materials is emphasized.

MACH, B.

Level and Development of Total Cost of Putting down Wells as Dependent on the Depth

Z. angew. Geol., Berlin, 24 (1978) 1, pp. 18–20, 1 Fig.

The present paper deals with the cost behaviour of oil and gas wells as dependent on the final depth. On the basis of results obtained from 1970 to 1976 a regular connection is demonstrated graphically and mathematically, which is expressed in the parabolic function $k = at^2 + bt$. Conclusions are drawn in view of future basic regulations concerning prices and expenses, informing on long-term trends of expenses for drilling depths so far not attained.

BACHMANN, H.

The Economy of Mineral Raw Materials
Research Results Obtained by the Section of Socialist Operating Economy, Freiberg School of Mining

Z. angew. Geol., Berlin, 24 (1978) 1, pp. 20–25, 3 Tables, 9 Refs.

In the section of social sciences of Freiberg School of Mining research work is increasingly carried out on the economy of mineral raw materials, and includes the following three complexes: position of mineral raw materials in the national and international economy, economy of geological prospection and exploration, and analysis of problems connected with the economy of deposits. Important problems of the economy of mineral raw materials are penetrated theoretically and solutions referred to practical work are derived by co-operation with the industry and by interdisciplinary research at the School. Selected research results are discussed for the individual fields and the trend of further investigations is characterized.

KÜHL, A.

Mathematical Modelling of Carbonate Rock Deposits

Z. angew. Geol., Berlin, 24 (1978) 1, pp. 26–32, 13 Figs., 6 Refs.

The ever growing want of carbonate raw materials and the increasing demands of chemical engineering on the geochemical and petrophysical homogeneity of their deposits make it necessary to use mathematical deposit modelling. Some methods developed by BUKRINSKI and NEMEC are explained, in particular his complex space models. These are the basis for elaborating strategic, tactical and operative space and time models by which an optimum planning of extraction can be realized.

PUTSCHER, S.; BACHMANN, G.; KADO, H.

The Technique of Documentation of Slope Movements

Z. angew. Geol., Berlin, 24 (1978) 1, pp. 33–37, 3 Figs., 2 Tables, 9 Refs.

The criteria of evaluation and recording recommended for slope movements in the territory of the G. D. R. are exclusively skeleton guide lines provided for fixing basic requirements to be satisfied by a uniform procedure when recording and evaluating slidings. They must not be considered and operated as a rigid allowance, but will be completed as needed within the skeleton of the scheme presented. By this article the authors intend to suggest a unification of both the documentation and evaluation of slidings.

HÄHNE, R.

New Methodical Aspects of a Palaeohydrogeological Analysis

Z. angew. Geol., Berlin, 24 (1978) 1, pp. 38–43, 4 Figs., 2 Tables, 17 Refs.

Based on palaeohydrogeological studies so far made by authors from the Soviet Union and the G. D. R., methodical supplements and further developments are described, in particular as far as a reconstruction of the development of hydrogeological properties and sedimentation during the geological history is concerned, with the Mesozoic of the Central European basin serving as an example of explanation. Great emphasis is placed on determining real thicknesses, with a reduction of the pore space taken into account. The palaeohydrogeological criteria of an enrichment and destruction of useful materials are reviewed.

FRÖHLICH, K.; KATER, R.

^{32}Si Losses in Ground-Water Datings by Means of Natural ^{32}Si

Z. angew. Geol., Berlin, 24 (1978) 1, pp. 43–49, 4 Figs., 6 Tables, 25 Refs.

The ^{32}Si activities measured of recent ground water are considerably lower in part than those expected and corresponding to the ^{32}Si initial activity of the ground water. Losses of ^{32}Si of the solution could also be demonstrated after its action on rock samples in laboratory experiments made with ^{32}Si labelled solutions. Geochemical reactions resulting in nonradioactive ^{32}Si losses are discussed and their amount is estimated. In spite of the still insufficiently solved problem of ^{32}Si losses measurements made with ^{32}Si are shown to be a valuable supplement of dating ground water by means of ^{3}H and ^{14}C.

VOLKE, P.

A Method for the Semiquantitative General Spectrographic Analysis of Silicate Materials

Z. angew. Geol., Berlin, 24 (1978) 1. pp. 49–51, 2 Figs., 2 Refs.

A method for the semiquantitative general spectrographic analysis of silicate materials is described and includes 46 elements to be determined by emission spectrography in a range of concentration extending from 10 p.c. (in the presence of rarer elements of 1 p.c.) to the detection limit and to 10^{-5} p.c., respectively. A high-purity quartz sand served as a basic calibrating substance. The samples were mixed with spectral carbon powder, and were excited in the permanent direct-current arc after being burned in the alternating-current break arc. The spectra were recorded by means of a quartz spectrograph, and were evaluted by means of a self-made scale.

DOERFFEL, K.; TAGLE, A.

Spectrometric Analysis of Solution of Metallic Ore by Means of the Stabilized Arc

Z. angew. Geol., Berlin, 24 (1978) 1, pp. 51–52, 2 Figs., 2 Tables, 8 Refs.

ZEITSCHRIFT FÜR ANGEWANDTE GEOLOGIE

Träger der Ehrennadel in Gold
der Gesellschaft für Deutsch-Sowjetische Freundschaft

BAND 24 · JANUAR 1978 · HEFT 1

Die Prognostizierung von Fluoritlagerstätten

IWANOWA, A. A., Leningrad

1. Einleitung

Die unablässige Zunahme der Stahl- und Aluminiumproduktion, die Entwicklung der chemischen Industrie erfordert eine immer größere Menge an Fluoritkonzentrat. 1975 erreichte der Fluoritverbrauch in der Welt 6,0 Mill. t, bis 1980 wird er sich vermutlich auf 9,0 Mill. t erhöhen (KAPLAN 1970).

Die Fluoritgewinnung erfolgt sowohl aus Flußspatlagerstätten i. e. S. als auch aus komplexen Lagerstätten. In den letzten beiden Jahrzehnten haben sich die Vorstellungen über die Größen und Typen der industriellen Fluoritlagerstätten wesentlich verändert. Früher dienten die Flußspatganglagerstätten mit Vorräten von 0,5 bis 2,0 Mill. t Fluorit (1,5 bis 6,0 Mill. t Erz) als Grundlage der bergbautreibenden Industrie. Jetzt sind die Hauptflußspatvorräte in der Regel in komplexen Seltenmetall-Fluorit- und polymetallischen Fluoritlagerstätten mit ärmeren Erzen (20 bis 35% CaF_2) konzentriert. Die Vorräte solcher Lagerstätten beziffern sich auf einige Dutzend Mill. t Erz (Buffalo, Lost River, Amba Dongar, Rosiclare).

Die Anwendungsgebiete des Fluorits haben sich bedeutend erweitert. Der grobkristalline reine Fluorit ist ein guter Rohstoff für die Züchtung optischer Kristalle und muß bei der Erkundung und Bewertung der Lagerstätten besonders berücksichtigt werden. Karbonatisch-fluoritische Erze, darunter arme, mit einem CaF_2-Gehalt von 10 bis 15%, können in der Metallurgie ohne Aufbereitung als natürliches Flußmittel eingesetzt werden. Im Zusammenhang damit erlangen arme metasomatische Lager von Fluoriterzen in Kalken Interesse, und es stellt sich dementsprechend die Frage nach einer Neueinschätzung bekannter unbauwürdiger Lagerstätten.

Der gewachsene geologische Erkenntnisstand vom Territorium der UdSSR und anderer Länder, die Erkundung und der Abbau der Fluoritlagerstätten, das Studium ihrer Verteilungsgesetzmäßigkeiten sowie die Vervollkommnung der metallogenetischen Theorie, deren Grundlagen von BILIBIN gelegt wurden, — alles das gab die Möglichkeit, an die Ausarbeitung einer Methodik der wissenschaftlichen Prognostizierung dieses Rohstoffs heranzugehen.

Die Hauptaufgaben der Prognostizierung sind die Angabe und Einschätzung höffiger Flächen. Diese Aufgaben werden in unterschiedlichem Maßstab in Abhängigkeit vom Erkenntnisstand und den Abmessungen der zu betrachtenden Territorien gelöst. Bei kleinmaßstäblichen Untersuchungen werden höffige Flächen im Rang metallogenetischer Zonen und Gebiete angegeben, bei mittelmaßstäblichen Erzknoten, bei großmaßstäblichen Erzfelder und Lagerstätten und bei detaillierten Untersuchungen Erzkörper. Die Einschätzung der höffigen Flächen erfolgt durch Nachweis des Grads ihrer Ähnlichkeit mit fluoritführenden Territorien (Methode der Analogie) auf dem Wege der geologischen Extrapolation und Interpolation.

Die wissenschaftlichen Grundlagen des Prognostizierens sind die Kenntnisse über die Haupttypen der industriellen Fluoritlagerstätten, ihrer regionalen und lokalen Bildungs- und Verteilungsgesetzmäßigkeiten. Die regionalen und lokalen Kriterien und die typischen geologischen Situationen sind Elemente der Prognostizierung. Die Prognostizierung selbst erfolgt durch aufeinanderfolgende Anwendung der Kriterien (von den allgemeinen zu den speziellen) bei der Analyse vorgegebener Territorien.

2. Haupttypen der industriellen Fluoritlagerstätten

Der hohe Clarke des Fluors in der Erdkruste (0,8%) und die Stabilität des Fluorits in einem weiten *p-t-* und *eh-p*H-Bereich bestimmen seine weite Verbreitung und seine Neigung zur Bildung verschiedener Typen industrieller Konzentrationen. Fluorit entsteht im magmatischen Stadium (akzessorisch), im postmagmatischen (Greisen, Skarne, hydrothermale Hoch-, Mittel -und Niedertemperaturgänge), bei der Sedimentation in Meeresbecken in der Periode ihrer Versalzung.

Eine industrielle Fluoritvererzung wurde in vielen Erzbergbaurevieren der Welt festgestellt; dort begleitet sie die Seltenmetallvererzung (Niob-Tantal, Wolfram-Molybdän, Zinn, Beryllium), die Vererzung mit seltenen Erden, die Quecksilber-Antimonvererzung und die polymetallische Vererzung, indem sie komplexe Fluoritlagerstätten und Fluoritlagerstätten i. e. S. bildet. Die Analyse des geologischen Baus der fluoritführenden Gebiete gestattet die Folgerung, daß die Fluoritvererzung ihrer geologischen Position nach ungleichartig ist. Für die Zwecke der Prognostizierung ist eine minerogenetische Klassifikation der fluoritführenden Lagerstätten zweckmäßig, in der die geologischen Situationen des Auftretens der konkreten Lagerstätten berücksichtigt werden. Fragmente einer derartigen Klassifizierung für Fluoritlagerstätten wurden in den metallogenetischen Arbeiten sowjetischer Spezialisten gebracht (BILIBIN 1961; SMIRNOW 1944 u. a.). Nach der stofflichen Zusammensetzung der Erze, dem Zusammenhang zwischen Fluoritlagerstätten und anderen Arten der Vererzung und magmatischen Formationen, ferner nach ihrer Gebundenheit an bestimmte Entwick-

Eingang des Manuskripts in der Redaktion: 21. 9. 1977.
Übers. d. Orginalbeitrags: W. OESTREICH, Berlin

Tab. 1. Charakteristik der Fluoriterze der Lagerstätten der fluoritführenden Formationen

Lfd. Nr.	Formation	Morphologie der Erzkörper	Typen der Erze (Begleitkomponenten)	Fluoritgehalt, %	Industrielle Charakteristik des Fluorits	Beispiele von Lagerstätten
1	Seltenmetall-Fluorit-F.	Kontaktierende (Schichten, schlotartige Körper, Linsen, Stöcke), durchsetzende (Gänge)	Silikatische Fluoriterze, karbonatische Fluoriterze, komplexe E. (Mo, W, Sn, Be, F)	20–70	Chemisch, keramisch, seltener metallurgisch (stückig), geeignet zum Erschmelzen optischer Kristalle	Lost River, Buffalo, Duldurga
2	Polymetallische Fluorit-F.	Konkordante (schichtige), kontaktierende (Linsen), durchsetzende (Linsen, Brekzienzonen)	Fluorit-Erze, Quarz-Fluorit-Erze, komplexe Erze (Pb, Zn, Cu)	20–60	Metallurgisch (stückig), seltener geeignet zum Erschmelzen optischer Kristalle, chemisch	Rosiclare Cave-In-Rock, Amderma, Taskainar, Agata-Cibargata
3	Fluorit-F.	Kontaktierende (Linsen, schichtartige Körper), durchsetzende (Gänge, Brekzienzonen)	Fluorit-Erze, Quarz-Fluorit-Erze	bis 90	Metallurgisch (stückig), seltener geeignet für das Erschmelzen optischer Kristalle, chemisch	Bjurin, Berche, Kalanguj Abagaituj Solonetschnoje
4	Beryllium-Fluorit-F.	Kontaktierende (Linsen, Nester), durchsetzende (Gänge)	Komplexe Erze (Be, Mo)	20–45	Chemisch, keramisch	Agaucile, Thomas Range
5	Tantal-Niob-Seltenmetall-Fluorit-F.	Kontaktierende (Linsen, Nester)	Karbonatische Fluorit-Erze, seltener komplexe Erze (Ta, Nb, Mo, Fe)	25–70	Chemisch	Amba-Dongar, Okoruzu
6	Eisen-Seltene Erden-Fluorit-F.	Kontaktierende (Linsen), durchsetzende (Brekzienzonen)	Komplexe Erze (Fe, TR, Ba)	10–40	Chemisch	Mountain Pass, Sibirien
7	Quecksilber-Antimon-Fluorit-F.	Konkordante (Schichten) durchsetzende (Brekzienzonen, Gänge)	Komplexe Erze (Hy, Sb)	10–20	Chemisch	Chaidarkan

lungsetappen und tektonische Elemente der Erdkruste kann man sieben wichtig endogene Fluorit- und fluoritführende Formationen[1]) unterscheiden (IWANOWA 1973); die Seltenmetall-Fluoritformation, die polymetallische Fluoritformation, die Fluoritformation, die Beryllium-Fluorit-Formation, die Tantal-Niob-Seltene Erden-Fluoritformation, die Eisen-Seltene Erden-Fluoritformation, die Quecksilber-Antimon-Fluoritformation. Tab. 1 bringt zur Veranschaulichung eine kurze Charakteristik der Erze der Fluoritlagerstätten dieser Formationen.

Ein Vergleich der Fluoritlagerstätten der obengenannten Formationen im Hinblick auf die CaF_2-Vorräte, ihrer Verbreitung (Zahl der in der Welt nachgewiesenen Lagerstätten) und der Gesamtfluoritvorräte zeigt, daß die Seltenmetall-Fluoritformation, die polymetallische Fluoritformation und die Fluoritformation gegenwärtig zu den verbreitetsten und produktivsten gehören. Die größten Lagerstätten aller drei Formationen sind in der Regel durch Kontaktlagerstätten und konkordante (schicht- und linsenförmige) Körper in Karbonatgesteinen vertreten. Die Erze dieser Lagerstätten müssen durch Flotation aufbereitet werden, sie liefern in der Hauptsache Säure- und keramische Konzentrate. Die grobkristallinen metallurgischen Sorten der Fluoriterze sind für Ganglagerstätten in silikatischen Gesteinen charakteristisch.

[1]) Dem Umfang nach sind sie den Erzkomplexen BILIBINS (1961) und den Erzformationen KORMILIZYNS & STRONAS (1971) ähnlich (KORMILIZYN 1973).

3. Verteilungsgesetzmäßigkeiten und Prognosekriterien der Lagerstätten der wichtigsten fluoritführenden Formationen

Die Hauptbesonderheit der Verbreitung der aufgestellten Fluorit- und fluoritführenden Formationen besteht darin, daß sie an Gebiete tektonisch-magmatischer Aktivierung gebunden sind, was erstmalig von SCHTSCHEGLOW (1969) festgestellt wurde, ferner an Zonen mit postinversem Magmatismus. Man muß betonen, daß die Fluoritvererzung für Gebiete mit intensivem Magmatismus der hypabyssischen und effusiven Fazies kennzeichnend ist. Der Charakter des Magmatismus hängt in Gebieten tektonisch-magmatischer Aktivierung vom Fundament ab: auf Tafeln hat er alkalisch-ultrabasischen Charakter (alkalisch-ultrabasische Formation mit Karbonatiten) oder alkalischen (Formation der Alkaligranosyenite und Nephelinsyenite); in Mittelmassiven und in Faltengebieten hat er sauren Charakter (Granit-Leukogranitformation, Formation der Alkaligranite und -syenite, Liparitformation) oder basischen Charakter (die Trachybasaltformation und die kontrastreiche Liparit-Basalt-Formation). Die Gebiete der tektonisch-magmatischen Aktivierung werden in der Regel von Randfugen umrahmt, und sie selbst werden durch eine breite Entwicklung von Tiefenbrüchen gekennzeichnet. Die erstgenannten bestimmen die Lage der fluoritführenden Gürtel, die zweiten die Lage der fluoritführenden Zonen (SCHTSCHEGLOW 1972, 1976; IWANOWA 1975; PUSANOW 1976). Die fluoritführenden Provinzen sind

Tab. 2. Kriterien für die Angabe (Ausscheidung von) Fluoritzonen

Lfd. Nr.	Formation	Kriterien			
		Geotektonische	Magmatische (assoziierende magmatische Formationen)[2]	Minerogenetische (begleitende Lagerstätten und Vorkommen)	Lithologisch-petrographische (Nebengesteine)
1	Seltenmetall-Fluorit-F.	Zonen des postinversen Magmatismus in Mittelmassiven und Zonen der tektonisch-magmatischen Aktivierung in Gebieten mit abgeschlossener Faltung	Granit-Leukogranit-Formation	Zinnerz-, Beryllium-, Wolfram-, Molybdän-, Zink-, Blei-Zink-Lagerstätten	Granitoidische, karbonatisch-terrigene Gesteine
2	Polymetallische Fluorit-F.	Vulkanogene Gürtel der Zonen mit tektonisch-magmatischer Aktivierung	Liparit-Basalt-F.	Blei-Zink-Lagerstätten (Kupferlagerstätten)	Vulkanogen-sedimentäre, granitoidische, karbonatische Gesteine
3	Fluorit-F.	Vulkanogene Gürtel der Zonen mit tektonisch-magmatischer Aktivierung	Liparit-Basalt-F., Trachybasalt-F.	—	Vulkanogen-sedimentäre, granitoidische, terrigen-karbonatische Gesteine
4	Beryllium-Fluorit-F.	Vulkanogene Gürtel der Zonen mit tektonisch-magmatischer Aktivierung	Alkaligranite und Syenite	Berylliumlagerstätten (Molybdän-, Blei-Zink-Lagerstätten)	Karbonatisch-terrigene Gesteine
5	Tantal-Niob-TR-Fluorit-F.	Zonen tektonisch-magmatischer Aktivierung in den randlichen Tafelüberdeckung und auf Schilden	Alkalisch-ultrabasische Formation mit Karbonatiten	Seltenmetall-Lagerstätten Ta-Nb-Lagerstätten	Karbonatite
6	Eisen-TR-Fluorit-F.	Zonen des postinversen Magmatismus in Faltengebieten	Alkaligranosyenite, Alkali- und Nephelin-Syenite	Eisenerzlagerstätten, Bariumlagerstätten	Vulkanogene, terrigen-karbonatische Gesteine
7	Quecksilber-Antimon-Fluorit-F.	Randliche Teile miogeosynklinaler und Epitafelsenken	Der Zusammenhang mit mit dem Magmatismus ist nicht klar	Antimonlagerstätten, Quecksilberlagerstätten	Karbonatische und kieselig-karbonatische Gesteine

[2]) Bezeichnung der Formationen nach W. N. Moskalewa & Je. T. Schatalow 1974

gewöhnlich durch einen komplizierten geologischen Bau, intensives Auftreten stark differenzierter magmatischer Bildungen und polyformationelles Auftreten der Fluoritvererzung gekennzeichnet. Zu solchen gehören die vulkanischen Gürtel vom Kontinentalrandtyp (Kordillerengürtel, Ostasiatischer Gürtel) und vom Innerkontinentaltyp (Priargun-Ostmongolischer Gürtel, Zentralkasachstanischer Gürtel u. a.). Innerhalb dieser Gürtel ist ein vollständiger oder unvollständiger „Satz" der ersten vier fluoritführenden Formationen zu beobachten (Tab. 2), wobei die Seltenmetall-Fluoritformation und die Beryllium-Fluoritformation für die stärker gehobenen Blöcke der Frühkonsolidierung charakteristisch sind, während die polymetallische Fluoritformation und die Fluoritformation für die mobileren Blöcke, die eigentlichen vulkanogenen Senken kennzeichnend sind. Innerhalb der vulkanogenen Gürtel wird die Verteilung der fluoritführenden „Knoten" und Felder durch Systeme sich kreuzender Brüche und durch vulkano-plutonische Ringstrukturen bestimmt.

In der Literatur hat sich die Ansicht gefestigt (SOLOWJOW 1971; BULNAJEW 1976 u. a.), daß die übergroße Mehrheit der Fluoritlagerstätten zum epithermalen Typ gehört und keinen Zusammenhang mit konkreten magmatischen Körpern aufweist. Deshalb betrachten sie den strukturellen Faktor der Kontrolle der Vererzung als bestimmend. Die Verwendung der Angaben zur Formationsanalyse magmatischer Gesteine (MOSKALEWA & SCHATALOW 1975) gab uns die Möglichkeit, auf dem Territorium der UdSSR stabile räumlich-zeitliche Assoziationen zwischen fluorithaltigen und bestimmten magmatischen Formationen zu ermitteln. Letztere sind in der Regel durch einen erhöhten Gehalt an Fluor und Alkalien gekennzeichnet. Analoge Gesetzmäßigkeiten kann man in der Verteilung der Fluoritlagerstätten des vulkanogenen Kordillerengürtels (PICARD 1974; WORL 1974) und anderer Regionen der Welt bemerken.

Der magmatische Faktor wirkt auf verschiedenen Niveaus — von regionalen bis zu lokalen. Bei der Aufstellung fluoritführender Zonen mittels magmatischer Kriterien sind das Areale potentiell fluoritführender magmatischer Formationen (in konkreten Regionen sind das Intrusivkomplexe oder vulkanogene Folgen); bei der Aufstellung (Ausgliederung) fluoritführender „Knotenpunkte" sind es erzführende Massive oder vulkanische Strukturen, und bei der Ausgliederung fluoritführender Felder sind es Teile erzführender Massive oder vulkanischer Strukturen (Tab. 3). Die Erzführung der Massive und vulkanischen Strukturen wird bei der großmaßstäblichen Prognostizierung nach einem Komplex von Merkmalen bewertet: Abmessungen, Form, Morphologie der Kontakte, die Komponenten des Gesteins und ihre gegenseitigen Beziehungen, das Auftreten von Gesteinsgängen und metasomatischen Prozessen, der Grad der strukturellen Durcharbeitung. Eine besondere Rolle spielen hierbei mineralogisch-geochemische Kriterien: Zusammensetzung und Eigenschaften der gesteinsbildenden Mineralien[3]), Menge und Zusammensetzung der akzessorischen Mineralien, der Gehalt an Fluor, Bor und den die Fluoritvererzung begleitenden Elementen. Als zusätzliches, sehr informatives Kriterium können Bewertungen der petrochemischen Assoziationen der gesteinsbildenden Elemente auftreten, die mit Hilfe multivariabler

[3]) Insbesondere der Fluorgehalt in den Glimmern

Tab. 3. Die Typen der fluoritführenden Felder und die Kriterien zu ihrer Ausscheidung am Beispiel Westtransbaikaliens

	Typen der fluoritführenden Felder	Kriterien der fluoritführenden Felder	
		der Seltenmetall-Fluorit-F.	der Fluorit-F.
Metallogenetische Typen	Gürtel (250000 km²)	Gebiet der Entwicklung der tektonisch-magmatischen Aktivierung (TMA), kontrolliert durch Strukturfugen und regionale Brüche Erstes Stadium der TMA	Zweites Stadium der TMA
	Zonen (5000—10000 km²)	Gebiete der Ausbildung der Granit-Leukogranit-F. (Komplex von Gudshir) in starren Massiven (Scheiteln)	der Basalt-Trachybasalt-F. (Folgen von Alzak und Chilok) in Senken ($Na_2O + K_2O$) > 7%
Erztypen	Knotenpunkte (100—200 km²)	Gruppen flächenmäßig kleiner schwach erodierter mehrphasiger Massive mit einem Reichtum an Gesteinsgängen unterschiedlicher Zusammensetzung mit erhöhten Gehalten (> 0,1%) an Fluor und bedeutenden Dispersionen des Fluors	Kreuzungsbereiche a) einer strukturellen Fuge mit regionalen NW und NS streichenden Störungen b) regionaler Brüche mit NE und NW (oder N—S) Streichen c) regionaler und lokaler Brüche in Gebieten mehrfachen Auftretens eines mesozoischen Magmatismus
	Felder (1—5 km²)	Apikale Teile von Massiven leukokrater Granite mit intensiver Vergreisung sowie verskarnte Karbonatgesteine in der Nähe dieser Massive	Kontaktzonen von Gesteinen, die nach Zusammensetzung und physikalisch-mechanischen Eigenschaften kontrastieren (Granitoide oder Karbonatgesteine unter einer Abschirmung basischer Effusive), Argillisierung

mathematischer Methoden nachgewiesen werden können (MICHAILOWA & IWANOWA 1973).

Die regionalen Kriterien zur Prognose der endogenen fluoritführenden Formationen sind in Tab. 2 zusammengefaßt; diese Tabelle wurde unter Berücksichtigung der Daten von RUNDKWIST u. a. 1970; SAINSBURY 1973; TISCHENDORF u. a. 1968 (Seltenmetall-Fluoritformation); GOLOWIN, GRUSCHKIN 1961, 1964; TOLKUNOW u. a. 1976 (polymetallische Fluoritformation); SOLOWJOW 1970 (Fluoritformation); GINSBURG & SABOLOTNAJA 1973; GRIFFITTS & RADER 1963; NESHENSKIJ 1966 (Beryllium-Fluoritformation); FROLOW 1976 (Tantal-Niob-Seltenmetall-Fluoritformation); CHOMJAKOW & SEMJONOW 1971 (Eisen-Seltenmetall-Fluoritformation); BERGER u. a. 1973 (Quecksilber-Antimon-Fluoritformation) aufgestellt.

Die Lagerstätten der oben aufgezählten Gruppen kann man in Abhängigkeit von der Zusammensetzung der Nebengesteine in mehrere Formationstypen untergliedern; jede davon ist durch bestimmte Mineralassoziationen, hydrothermale Nebengesteinsveränderungen und Strukturen der Erzfelder gekennzeichnet. Wir nennen die wichtigsten. In der Seltenmetall-Fluoritformation werden folgende Typen ausgehalten:

a) Kammerpegmatite in Massiven erzführender Granite,

b) der Seltenmetall-Fluorit-Greisentyp in den randlichen Teilen von Granitmassiven;

c) der Topas-Fluorit-Typ, (Phenakit)-Fluorit-Skarn- und Argillisittyp in den kontaktnahen Zonen der Li-F-Granite in karbonatischen Gesteinen;

d) der Quarz-Fluorit-Typ in Granitoiden.

Originell ist die Lagerstätte Buffalo in der Republik Südafrika; sie besteht aus konkordanten schicht- und linsenartigen Gängen in Leptiten (WATSON & SNYMAN 1976).

Zu den verbreitetsten Typen der polymetallischen Fluoritformation gehören:

a) der Galenit-Sphalerit-Fluorit-Gangtyp in Granitoiden,

b) der Galenit-Sphalerit-Fluorit-Typ mit Beimengung von Baryt in karbonatischen Gesteinen — metasomatische Körper von insen- und schlotartiger Form,

c) der Fluorit-Typ mit Beimengung von Galenit und Sphalerit in vulkanogenen Bildungen — Gang- und Brekzienkörpern,

d) der Fluorit-Typ mit Galenit und Sphalerit in Sandsteinen — gangförmig und eingesprengt.

Die Fluoritformation ist im wesentlichen durch den Quarz-Fluorit-Gangtyp in Granitoiden und vulkanogenen Gesteinen und durch den metasomatischen Typ in karbonatischen Gesteinen, ferner durch den Fluorit-Typ i. e. S. in terrigenen sandig-aleurolitischen Gesteinen vertreten.

Wichtige lokale Kriterien für die Prognose der formationellen Typen der Lagerstätten sind neben den magmatischen die strukturellen Kriterien (Zonen von Brüchen, vulkano-tektonische Bildungen, kuppelförmige Hebungen in karbonatischen Gesteinen u. a.), ferner lithologisch-stratigraphische Kriterien (Zusammensetzung, Alter, physikalisch-chemische und physikalisch-mechanische Eigenschaften der Gesteine).

Große Bedeutung für die Lokalisierung einer bauwürdigen Vererzung haben die Abschirmungen; als solche können auftreten: Effusivgesteine in vulkanogenen Bildungen, Horizonte von Aleurolithen, Horizonte von Schiefern in Gebieten mit Ausbildung karbonatischer Gesteine u. dgl.

Die angeführten Daten (Tab. 2 und 3) zeigen, daß jede Formation und sogar jeder Formationstyp der Fluoritlagerstätten durch eine spezifische Palette regionaler und lokaler Kriterien gekennzeichnet ist. Deshalb gibt die Analyse konkreter Territorien die Möglichkeit, mit Hilfe dieser Kriterien nicht nur höffige Flächen anzugeben, sondern auch den möglichen Vererzungstyp zu nennen.

Die Prognostizierung auf der Grundlage der minerogenetischen Klassifikation der Fluoritlagerstätten erlaubt es, anhand der Begleitvererzung fluorithöffige Flächen sogar in jenen Territorien anzugeben, in denen bislang noch keine Vererzung bekannt ist.

4. Die Einschätzung höffiger Flächen

Im Verlauf der Prognostizierung werden gewöhnlich mehrere höffige Flächen angegeben. Die vergleichende Einschätzung ihrer potentiellen Fluoritführung ist sowohl in praktischer als auch in wissenschaftlicher Hinsicht aktuell. Diese Aufgabe ist sehr kompliziert, und gegenwärtig gibt es nur einzelne Versuche zu ihrer Lösung.

Die Einschätzung höffiger Flächen besteht vor allem in der Einschätzung bekannter Objekte — Lagerstätten und Vorkommen — und in der Einschätzung des gesamten Bereichs im Hinblick auf die Möglichkeit, bauwürdige Lagerstätten zu finden. Die Einschätzung der konkreten Objekte wird im Stadium der metallogenetischen Untersuchung und der Vorerkundung auf der Basis der mineralischen Zusammensetzung, der Zonalität, der texturellen und strukturellen Besonderheiten der Erze, der Gas- und Flüssigkeitseinschlüsse im Fluorit vorgenommen (ARCHIPTSCHUK 1971; IWANOWA 1974, Einschätzung der Lagerstätten bei Suche und Erkundung; Flußspat 1972). Möglich ist ferner die vergleichende Bewertung der Fluoritobjekte mittels mathematischer Methoden (IWANOWA u. a. 1976; KONSTANTINOW u. a. 1976). Die Methodik der wissenschaftlichen Vorhersage prognostischer Vorräte muß weiter an konkreten Objekten ausgearbeitet werden.

Die Einschätzung neuer Felder, die für das Auffinden von Lagerstätten eines bestimmten Formationstyps günstig sind, erfolgt häufig durch Extrapolation im Gebiet bekannter Vorräte oder nach der Analogiemethode.

Für die Ausarbeitung einer wissenschaftlichen Methodik der quantitativen Prognostizierung ist der Übergang von geologischen Charakteristiken zu quantitativen notwendig, solchen wie Extensität des Auftretens der Vererzung, des Magmatismus, der Bruchtektonik, der Metasomatose in den als Eichmaß betrachteten fluoritführenden Gebieten und den auf Fluorit höffigen Flächen. Der Erhalt dieser Angaben ist durch statistische Bearbeitung spezialisierter minerogenetischer Karten fluoritführender Gebiete möglich. Die Anwendung multivariabler mathematischer Methoden, insbesondere der Methode der Hauptkomponenten erlaubt es, einen korrekteren Vergleich der höffigen Felder vorzunehmen und ihnen eine vergleichende prognostische Bewertung zu geben.

Gegenwärtig wurden von den Geologen verschiedener Länder interessante Ergebnisse über die Bildungsbesonderheiten und die Verteilungsgesetzmäßigkeiten der Fluoritlagerstätten erhalten. Es gibt Versuche zur Aufstellung von Modellen der Fluoritbildung (PETERS 1958; BAUMANN u. a. 1975).

Die Erarbeitung einer Methodik der quantitativen Prognostizierung erfordert die Schaffung einer mathematischen Beschreibung der Modelle der Fluoritbildung, in erster Linie für die wichtigsten industriellen Lagerstättentypen.

Zusammenfassung

Im Zusammenhang mit der zunehmenden Stahl- und Aluminiumproduktion ist es notwendig, größere Mengen an Fluoritkonzentrat bereitzustellen. Der Beitrag befaßt sich mit den geologischen Aufgaben (Prognose und Erkundung) bei der Suche nach Fluoritlagerstätten. Es werden die Verteilungsgesetzmäßigkeiten der wichtigsten fluoritführenden Formationen und die Einschätzung höffiger Gebiete mittels mathematischer Methoden zur Quantifizierung der Fluoritlagerstätten (und Begleitmineralien) dargestellt.

Резюме

В связи с возрастающим производством стали и алюминия нужно, давать более крупные количества флюоритового концентрата. Статья занимается геологическими задачами (прогноз и разведка) при поисках флюоритовых месторождений. Указывается на закономерности размещения важнейших флюоритоносных формаций и на оценку перспективных областей при помоши математических методов для количественной оценки флюоритовых место. рождений (и сопутствуюших минералов).

Summary

As major quantities of concentrate of fluorite must be made available in connection with the increasing production of steel and aluminium, geological problems (prognosis and exploration) to be solved in the prospection of fluorite deposits are discussed. The regularities of distribution of the most important fluorite-bearing formations are mentioned, as is the estimate of probably bearing areas by means of mathematical methods quantifying fluorite deposits (and accessory minerals).

Literatur

ARCHIPTSCHUK, R. S.: Versuch einer Ausarbeitung mineral-thermometrischer Such-Bewertungskriterien der Fluoritlagerstätten. In: Osnowy nautschnogo prognosa mestoroshdenii rudnych i nerudnych polesnych iskopajemych. — WSEGEI, 429—430, Leningrad 1971.

BAUMANN, L.; LEEDER, O.; WEBER, W.: Beziehungen zwischen regionalen Bruchstrukturen und postmagmatischen Lagerstättenbildungen und ihre Bedeutung für die Suche und Erkundung von Fluorit-Baryt-Lagerstätten. — Z. angew. Geol., **21**, 1, 6—16, Berlin 1975.

BERGER, W. I.; MUDROGINA, N. S.; KUSMIN, W. G.: Die Lagerstätten von Antimon und Quecksilber. In: Prognosirowanije mestoroshdenii polesnych iskopajemych pri regionalnych geologitscheskich issledowanijach. — Leningrad 1973.

BILIBIN, JU. A.: Fragen der allgemeinen Metallogenie. — Isbrannye trudy, t. III., Isdat. AN SSSR, 7—130, Moskau 1961.

BULNAJEW, K. B.: Die Fluoritlagerstätten Westtransbaikaliens (metallogenetische Analyse). — 128 S., Isdat. Nauka, Nowosibirsk 1976.

CHOMJAKOW, A. P.; SEMJONOW, JE. I.: Die hydrothermalen Lagerstätten der Fluorkarbonate der seltenen Erden. — 135 S., Isdat. Nauka, Moskau 1971.

FROLOW, A. A.: Struktur und Vererzung der Karbonatitmassive. — 160 S., Isdat. Nedra, Moskau 1975.

GRIFFITTS, W. R.; RADER, L. F.: Beryllium and fluorine in mineralized tuff, Spor Mountain, Juab County, Utah. — U.S. geol. Surv. profess. Pap., 475-B, B16—B17, Washington 1963.

KAPLAN, A. A.: Vergleichende geologisch-ökonomische Charakteristik der industriellen Typen der Mineralrohstofflagerstätten. Flußspat. — 35 S., WIEMS, Moskau 1970.

KONSTANTINOW, R. M.; KOROLJOWA, S. JE.; KUDRJAWZEW, W. B.: Über das kombinatorisch-logische Herangehen an die Aufgaben der Prognose der Erzführung. In: Problemy kibernetiki. — W 31, 5—33 (1976).

KORMILIZYN, W. S.: Die Erzformationen und die Erzbildungsprozesse. — 328 S., Isdat. Nedra, Leningrad 1973.

KORMILIZYN, W. S.; STRONA, P. A.: Die mesozoischen Erzformationen Transbaikaliens. In: Uslowija obrasowanija i sakonomernosti rasmeschtschenija polesnych iskopajemych. — Gorny Institut „Plechanow", 30—40, Leningrad 1971.

MICHAILOWA, JU. I.; IWANOWA, A. A.: Einige Aspekte der Anwendung der Methode der Hauptkomponenten bei metallogenetischen Untersuchungen. — Geologija rudnych mestoroshdenii, 1, 98—102 (1973).

MOSKALEWA, W. N.; SCHATALOW, JE. T.: Die Typen der petrographischen Provinzen der UdSSR (Versuch einer Formationsanalyse). — Isdat. Nedra, S. 168, Moskau 1974.

NESHENSKI, I. A.: Die Besonderheiten der Geologie und die Verteilungsgesetzmäßigkeiten des Fluorit-Bertrandit-Typs der Berylliumlagerstätten. — Trudy WSEGEI, now. serija, **133**, 175—186, Leningrad 1966.

PETERS, W. C.: Geologic characteristics of fluorspar deposits in the western United States. — Econ. Geol., **53**, 663—668, Lancaster 1958.

PICARD, G. W.: Geology of Mexican fluorspar deposits. A Symposium on the Geology of Fluorspar. — Kentucky geol. Survey. Ser. X., Spec. publication 22 (1974).

PUSANOW, L. S.: Die Epochen der industriellen Fluoritbildung auf dem Territorium der UdSSR. In: Fljuorit. — Isdat. Nauka, 54—69, Moskau 1976.

RUNDKWIST, D. W.; DENISSENKO, W. K.: Regionale und lokale Verteilungsgesetzmäßigkeiten der Zinn-Wolfram-Greisenlagerstätten. — Materialien zur Beratung „Rasrabotka osnow nautschnogo prognosa mestoroshdenii polesnych iskopajemych", wyp. 2, 72 S., Leningrad 1970.

SAINSBURY, C. L.: Die Zinn- und Berylliumlagerstätten im zentralen Teil des York Ridge im Westen der Halbinsel Seward, Alaska. In: Die Lagerstätten der USA. — Isdat. Mir, t. 2, 289—309, Moskau 1973.

SCHTSCHEGLOW, A. D.: Die Fluoritlagerstätten — Indikatoren der Prozesse der tektonisch-magmatischen Aktivierung. — DAN SSSR, **188**, 2 (1969).

— Fluoritlagerstätten und Tektonik. In: Doklady sowetskich geologow. XXIV sessija MGK. — Isdat. Nauka, 150—157, Moskau 1972.

— Die Verteilungs- und Bildungsgesetzmäßigkeiten der Fluoritlagerstätten in Gebieten der tektonisch-magmatischen Aktivierung. In: Fljuorit. — Isdat. Nauka, 40—54, Moskau 1976.

SMIRNOW, S. S.: Abriß der Metallogenie Osttransbaikaliens. — 89 S., Gosgeoltechisdat, Moskau/Leningrad 1944.

SOLOWJOW, A. T.: Regionale und lokale Verteilungsgesetzmäßigkeiten der epithermalen Fluoritlagerstätten. — 48 S., Leningrad 1970.

TISCHENDORF, G.: Das System der metallogenetischen Faktoren und Indikatoren bei der Prognose und Suche endogener Zinnlagerstätten. — Z. angew. Geol., **14**, 8, 393—405, Berlin 1968.

TOLKUNOW, A. JE.; KALINKIN, W. I.; MAKSIMOWA, I. G.: Die Besonderheiten der Geologie der polymetallischen Fluoritlagerstätten, die mit Vulkanschlot- und subvulkanischen Fazies zusammenhängen, am Beispiel Mittelasiens. In: Fljuorit. — Isdat. Nauka, 176—188, Moskau 1976.

WATSON, M. D.; SNYMAN, C. P.: The geology and the mineralogy of the fluorite deposits at the Buffalo Fluorspar mine on Buffelstonstein, 347 KR Naboomspruit district. — Frans. geol. Soc. S. Afr., 78, 137—151 (1976).

WORL, R. G.: Geology of fluorspar deposits of the Western United States. A symposium on the geology of fluorspar. — Kentucky geol. Survey. Ser. X., Spec. publication 22 (1974).

Über Fehlereinflüsse bei der petrophysikalischen Speicher- und Deckgebirgsbewertung im geklüfteten Gestein

(Zu geologischen Problemen der Untergrundspeicherung)

ZIEGENHARDT, W.; HEINRICH, J.; REH, B., Mittenwalde/Mark

1. Problemstellung

Speichergesteine werden neben den verschiedenen Methoden der hydro- und gasdynamischen Erkundung nach wie vor anhand traditioneller Laboruntersuchungen der Porosität, Permeabilität und Kapillardrücke bewertet. Bezüglich rupturell beanspruchter, d. h. vorherrschend geklüfteter Gesteine ergeben sich dabei einige Probleme:

— Offene (nichtzementierte) Makroklüfte, d. h. effektive Klüfte im speichergeologischen Sinn, durchtrennen das Gestein vollständig. Sie zerlegen es in Blöcke unterschiedlicher Geometrie (der Felsbau spricht hier von Kluftkörpern, s. PACHER 1959; MÜLLER 1963; RICHTER, MOLEK & REUTER 1976).
Aus Blöcken entnommene Proben kennzeichnen die ungeklüftete Gesteinsmatrix. Hier kann folglich der Klufteinfluß auf Parameterbestimmungen der Matrix eliminiert werden.

— Teilzementierte (also nur partiell effektive) Makroklüfte sowie offene/teilweise offene Mikroklüfte liegen in der Regel innerhalb der Blöcke. Sie können deshalb von Probekörpern miterfaßt werden und so die gesuchten Parameter der ungeklüfteten Gesteinsmatrix beeinflussen.

Makro- und Mikroklüfte werden folgendermaßen unterschieden:

Makroklüfte	Großklüfte	(> 1 mm Kluftweite, > 3 cm Kluftlänge)
	Kleinklüfte	(< 1 mm Kluftweite, < 3 cm Kluftlänge)
Mikroklüfte	(Kluftweiten von < 0,2 mm bis < 0,01 mm)	

Das bedeutet, daß Mikroklüfte nur im Dünnschliff beobachtbar sind. Ihre repräsentative Erfassung ist damit eingeschränkt. Unter solchen Bedingungen ist von vornherein mit unerkannten, klein- und vor allem mikrokluftbedingten Einflüssen auf die Matrixparameter zu rechnen. Es stellt sich die Frage nach der Größenordnung dieser Einflüsse. Dies ist insbesondere dort von Interesse, wo eine durch geringe Porositäts- und Permeabilitätswerte charakterisierte Gesteinsmatrix ohnehin in den Grenzbereich Speicher/Nichtspeicher rückt. Solche Aussagen berühren somit Probleme der Speicherabgrenzung schlechthin. Sie sind deshalb von praktischer Bedeutung.
Die Ausbildung lokaler Bruch- und Kluftsysteme beeinflußt neben den Speichergesteinshorizonten auch deren Zwischen- und Deckgebirgsschichten. Hier interessiert für die mittels petrophysikalischer Untersuchungen zu erbringende Dichtheitsbewertung ebenso die mögliche Einflußgröße. Deren Kenntnis kann Fehleinschätzungen verhindern.
Weiterhin ist darauf aufmerksam zu machen, daß unter rupturellem Einfluß erheblich gestörte Gesteinsverbände auch durch künstliche mechanische Einwirkungen (z. B. Bohrprozeß, Kern- und Probenbearbeitung) sowie Druckentlastungen beim Zutagebringen der Bohrkerne eine weitere Auflockerung erfahren können. Das bedeutet, daß der ohnehin schwer erkennbare Klufteinfluß durch künstliche, zusätzliche Porosität und Permeabilität noch überlagert wird. Schließlich kommen auch kluftunabhängige Aufbereitungseinflüsse vor, die nicht in allen Fällen erkannt werden und Widersprüche zu lagerstätten- bzw. speichergeologischen Erfahrungen darstellen. Insgesamt werden damit die repräsentative Bewertung geringporöser und -permeabler Speichergesteine sowie die tragfähige Beurteilung abdichtender Horizonte in Frage gestellt.
Die angeschnittenen Probleme sollen nachfolgend an einigen ausgewählten Beispielen verdeutlicht werden. Diese verfolgen das Ziel einer weitgehenden Verallgemeinerung bei der Speicherbewertung (einschließlich dichter Zwischenschichten) in der Erdöl/Erdgas-Geologie und Hydrogeologie sowie bei der Speicher- und Deckgebirgsbewertung in der Geologie der Untergrundspeicherung.

Die nachstehend benutzten Parameter sind unter normalen Laborbedingungen bestimmt worden. Fragen, die die Repräsentanz solcher Werte unter Lagerstättenbedingungen (p, T) berühren, bleiben im Rahmen dieser Arbeit unberücksichtigt.

2. Fehlereinflüsse bei der Speicherbewertung

Als Beispiel wird eine dichte Gesteinsfolge im sedimentären Rotliegenden betrachtet. Untersucht wird das Profil (Abb. 1) einer lokalen Hochlage, in der eine Erdgaslagerstätte vom Kluftspeichertyp ausgebildet ist. Dieses Lager wird nach erfolgtem Abbau auf Untergrundgasspeicherung umgestellt. Dabei spielt die Speicherbewertung der (ungeklüfteten) Gesteinsmatrix u. a. eine wesentliche Rolle

- für volumetrische Berechnungen matrixgebundener Erdgasvorräte,
- für Einschätzungen zur Gasabgabefähigkeit der Matrix,
- für die Ermittlung im Lager verbleibender Resterdgasmengen und deren Einfluß auf eine spätere Mischung mit dem Einspeisegas.

Strukturbau und Kluftspeichercharakteristik der Erdgaslagerstätte sind ausführlich bei ZIEGENHARDT, BRANDT & JAGSCH (1977) dokumentiert. Darauf sei hier ausdrücklich verwiesen.

Abb. 1 kennzeichnet das Profil des gasführenden Stockwerks. Die Schichten E und B unterscheiden sich hinsichtlich Körnung, Sortierung, petrographischer Zusammensetzung (einschließlich Bindemittel und Zementation) signifikant. Dem entsprechen auch die Porositätswerte. Sie sollen ausführlicher betrachtet werden.

Porosität

Zunächst fällt auf, daß die häufigkeitsstatistische Erfassung aller Porositätseinzelwerte (Abb. 2, I) von der erwarteten Normalverteilung einseitig im Sinn einer Überhöhung der größeren Werteanteile, also asymmetrisch rechtssinnig, abweicht. Das heißt, für Schicht E sind Werte

Eingang des Manuskripts in der Redaktion: 13. 1. 1977.
(Mitteilung aus dem VEB Untergrundspeicher Mittenwalde/Mark)

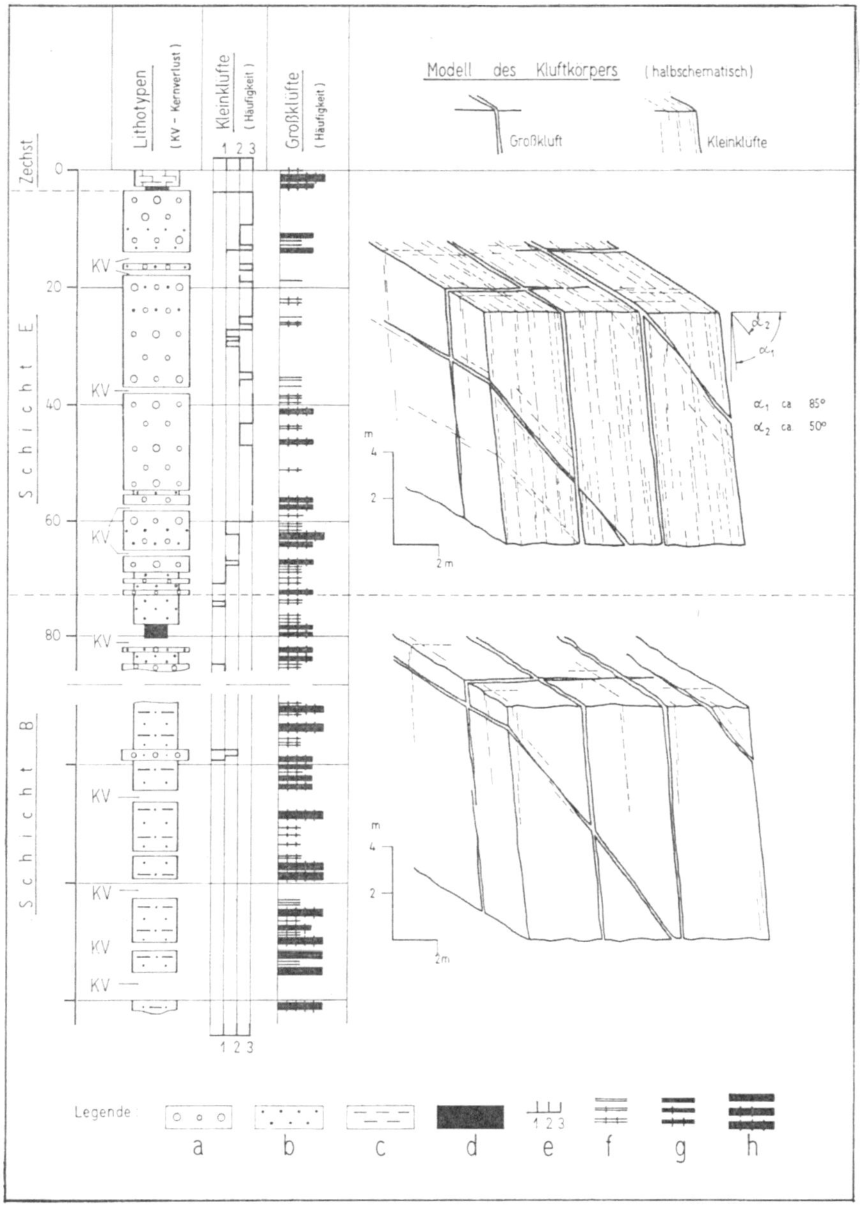

Abb. 1. Kennzeichnung einer gasführenden Gesteinsfolge des Rotliegenden nach Lithologie, Kluftintensität und räumlicher Kluftanordnung

a – Konglomerat; b – Sandstein; c – Schluffstein; d – Tonstein; e – bis ca. 20 Kleinklüfte/0,5 m (1), bis ca. 40 Kleinklüfte/0,5 m (2), über ca. 40 Kleinklüfte/0,5 m (3); f – Einzelkluft (offen bzw. z. T. verheilt bzw. vollständig verheilt); g – Kluftschar (3–6 Einzelklüfte); h – Kluftschar (über 6 Einzelklüfte)
α_1, α_2 = Einfallswinkel der Klüftung

> 3 Vol.-% deutlich, für Schicht B Werte > 1,5 Vol.-% gering überrepräsentiert (siehe schraffierte Flächen).

Der in Abb. 2, I in den Porositätswerten der Schichten E und B aufgezeigte Unterschied zwischen den Proben der beiden Erkundungsetappen 1969/71 und 1973/75, ausgedrückt in den nahezu gleichen Differenzen der Häufigkeitsmaxima von 1,0 bzw. 0,8 Vol.-%, ist vermutlich auf einen systematischen Laborfehler zurückzuführen. Darauf wird nachfolgend nicht mehr eingegangen. Es werden nur Bestimmungen der Etappe 1973/75 berücksichtigt.

Der Verdacht, daß es sich bei der asymmetrischen Verteilung um direkte Einflüsse der Klein- und Mikroklüftung handelt, wird durch folgende Fakten belegt:

a) Der auffälligen Asymmetrie der Häufigkeitswerte in der Schicht E (= Konglomerate mit massenhaft auftretender Klein- und Mikroklüftung, siehe Abb. 1) steht die merklich geringere asymmetrische Verteilung in den Feinsand- und Siltsteinen der Schicht B mit weit zurücktretender, z. T. über mächtige Intervalle fehlende Klein-/Mikroklüftung gegenüber.

b) Die Entnahmepunkte der in unregelmäßiger Verteilung über das Profil auftretenden erhöhten Porositätswerte wurde mit den am Kernmaterial ausgezählten Kleinklüften verglichen. Sie stimmen mit den Intervallen intensiver Kleinklüftung gut überein. — An vier Bohrprofilen der konglomeratischen Schicht E ist eine Trennung der Proben nach Kernintervallen mit offensichtlichen Unterschieden in der Intensität der Kleinklüfte vorgenommen worden (Abb. 2, II). Die Ergebnisse zeigen für die Kurve a (fehlende/geringe Kleinklüftung) eine fast ideale Normalverteilung, während sich die Kurve b (starke Kleinklüftung) mit höheren Porositäten deutlich davon abhebt. Hiermit gelingt es also, die asymmetrische oder Mischverteilung nach ihrer Ursache, dem Klufteinfluß, in grober Form aufzulösen.

c) Über die Lagerstätte verteilte Bohrungen schließen Bereiche sehr unterschiedlicher Kluftintensitäten auf. Dies drückt sich in differenzierten Porositätshäufigkeitsverteilungen der Werte einzelner Bohrungen aus. Es

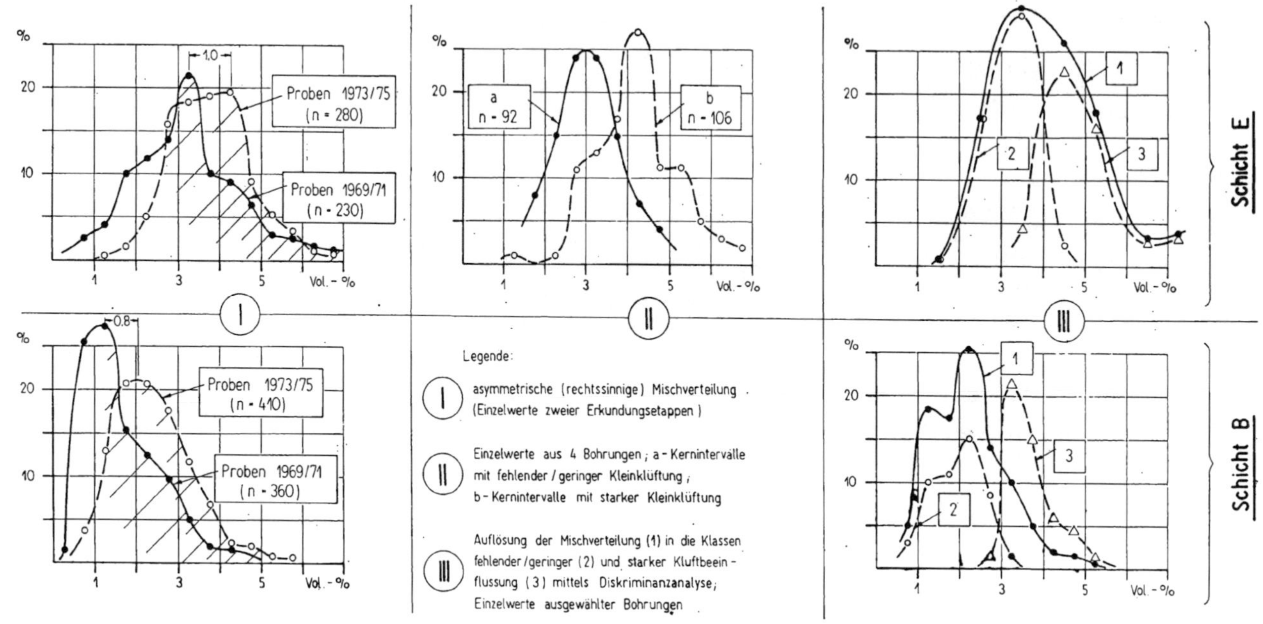

Abb. 2. Relative Häufigkeitsverteilung laborativ bestimmter Porositätseinzelwerte; Dokumentation des Klufteinflusses auf die Porosität (Erläuterungen im Text)
n = Anzahl der Porositätseinzelwerte

handelt sich dabei um mehr oder weniger charakteristische Mischformen, deren kluftbedingte Anteile meist schwierig zu quantifizieren sind. Für einige ausgewählte Bohrungen ist deshalb die Möglichkeit des Auflösens der Mischverteilungen mittels Diskriminanzanalyse[1]) versucht worden (Abb. 2, III), d. h., die asymmetrische Verteilung aller Proben (Kurve 1) wird in zwei nahezu normalverteilte Kurven 2 und 3 zerlegt. Dies gilt überzeugend für Schicht E, wo durch Nachkontrolle die Zuordnung der in der Kurve 2 repräsentierten Proben zu Kernintervallen mit fehlender bzw. schwacher Klüftung festzustellen ist. Demgegenüber gehören die Proben der Kruve 3 solchen Intervallen an, die fast ausnahmslos stark geklüftet sind. — Für Schicht B gelingt ebenfalls eine klare Trennung, jedoch zeigen die Kurven 2 und 3 hier noch keine Normalverteilung. Wahrscheinlich spielen Materialeinflüsse der lithologisch-petrographisch stärker wechselnden Schicht B (siehe Schema in Abb. 1) auf die Kluftentwicklung und damit auf die Porositätswerte eine größere Rolle als in der weitgehend einheitlich konglomeratisch ausgebildeten Schicht E. Diese interessante Frage kann mangels ausreichenden Probenmaterials hier nicht weiter verfolgt werden.

4. Am Kern makroskopisch nicht wahrnehmbare offene/teilweise offene Mikroklüfte werden nur ausnahmsweise in Dünnschliffen erfaßt. Dabei lassen sich durch Integration flächenanteilig folgende Porositätswerte bestimmen:

Dünnschliff Nr.	intergranularer Poren„raum" (%)	kluftgebundener Poren„raum" (%)
1	0,25	1,35
2	0,67	2,33
3	1,2	3,6
4	0,85	0,48
5	0,16	1,24
6	1,3	4,1

[1]) Herrn Dipl.-Math. P. STRACH vom ZGI Berlin ist für die fachliche Beratung bei der Anwendung der Diskriminanzanalyse herzlich zu danken.

Diese Angaben entstammen der Schicht E. Registriert wurden Poren über 5000 nm. Die wenigen Werte sind nicht repräsentativ. Jedoch fällt auf, daß in 5 von 6 Fällen der gemessene kluftgebundene Porenanteil sehr deutlich über dem der intergranularen Poren liegt.

Die vorstehenden Aussagen gestatten es nun, anhand der Abb. 2, insbesondere der Ergebnisse der Diskriminanzanalyse (Abb. 2, III), den Klufteinfluß auf Porositätsbestimmungen hinreichend genau zu quantifizieren und damit die „wahre Matrixporosität" ($\overline{\varphi}_M$) zu erfassen. Danach gelten die folgenden Mittelwerte:

— für Schicht E $\quad \overline{\varphi}_M = 3{,}06$ Vol.-%
— für Schicht B $\quad \overline{\varphi}_M = 2{,}07$ Vol.-%

Die kluftbeeinflußte Veränderlichkeit der Porositätswerte ist auch zum Schema des strukturellen Baus der gesamten lokalen Hochlage in Beziehung zu bringen (Abb. 3). Dieses Schema wird durch sicher erfaßte Rupturen (A I, II; B I, II) und effektive Großkluftzonen vorgegeben. Es gestattet eine Einteilung in die Strukturblöcke A—E. Diese zeichnen sich durch unterschiedliche Großklüftung aus (siehe ZIEGENHARDT, BRANDT & JAGSCH 1977):

Block	mittlerer (wahrer) Abstand der sich aus scharenweise angeordneten Großklüften ergebenden effektiven Kluftzonen
A	ca. 1,6 m
B	ca. 2,9 m
C	ca. 3,6 m
D	ca. 3,4 m
E	keine Großklüfte ausgebildet

Ein Vergleich der Blockeinteilung mit den mittleren, jeweils über die Mächtigkeit der Schichten E und B je Bohrung gewogenen offenen Porositäten zeigt, daß auch für die Konglomeratschicht E mit sehr intensiv ausgebildeter Klein- und Mikroklüftung eine deutliche Differenzierung auftritt (Abb. 3a):

— Die Blöcke A (= Hauptkluftbereich) und B sowie der unmittelbar an A und B angrenzende südlichste Teil des Blocks

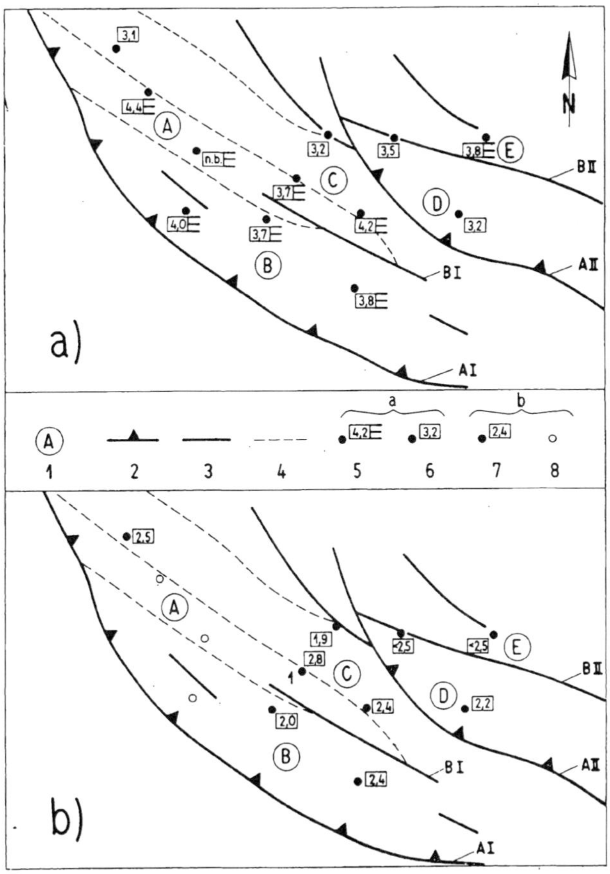

Abb. 3. Porositätsverteilung in Abhängigkeit von Strukturbau und Kluftintensität (dargestellt ist die je Bohrung bestimmte mittlere, über die Mächtigkeit gewogene offene Porosität)

a – Schicht E; b – Schicht B (mit der im Text erwähnten Bohrung 1)

1 – Blöcke A–E der subsalinaren Struktur, die sich durch unterschiedlich intensive Großklüftung auszeichnen; 2 – Aufschiebung (A I, A II); 3 – Bruchstörung (B I, B II); 4 – Abgrenzung der Blöcke A, B und C; 5 – Bohrung mit mittlerem Porositätswert (Vol.-%) sowie mit Zonen ausgeprägter kluftbedingter Porositätsüberhöhung; 6 – Bohrung mit mittlerem Porositätswert ohne Zonen ausgeprägter Porositätsüberhöhung; 7 – Bohrung mit mittlerem Porositätswert (Vol.-%); 8 – Bohrung ohne Porositätsbestimmungen

C weisen in Bohrungen deutlich ausgeprägte Zonen überhöhter Porositäten aus. Die Mittelwerte liegen bei 4,0 Vol.-% (Schwankungsbreite: 3,7 bis 4,4 Vol.-%).

– Für die Blöcke C (größerer nördlicher Teil) und D beträgt der mittlere Wert 3,3 Vol.-% (Schwankungsbreite: 3,1 bis 3,5 Vol.-%).

– Dem am Lagerstättenrand liegenden Block E fehlen nach bisherigen Aussagen aus nur einer Bohrung effektive Großklüfte. Jedoch ist hier das Konglomerat der Schicht E ebenfalls intensiv von Klein- und Mikroklüften durchsetzt. Daraus erklärt sich die mittlere Porosität von 3,8 Vol.-%.

In der Schicht B treten Klein- und Mikroklüfte weit zurück, so daß eine entscheidende strukturbedingte Porositätsänderung hier nicht registriert werden kann (Abb. 3b). Die je Bohrung bestimmten Mittelwerte schwanken im engen Bereich von etwa 2,0 Vol.-% ohne erkennbare Beziehung zur bereits behandelten Blockeinteilung. Eine Ausnahme bildet die Bohrung 1. Sie hat innerhalb der Schicht B den NE-einfallenden Hauptkluftbereich (Block A) angefahren. Daraus erklärt sich der erhöhte Porositätswert von 2,8 Vol.-%.

Permeabilität

Der vorstehend deutlich erfaßte Klufteinfluß auf die Porosität läßt ähnliche Wirkungen auch für die Permeabilität erwarten. Bereits die große Schwankungsbreite über mehrere Zehnerpotenzen an einigen 100 laborativen Permeabilitätsbestimmungen bestätigt dies. Eine komplexe Überprüfung an einigen dicht bemusterten Bohrungen liefert dazu folgende Aussagen (Abb. 4):

a) Alle Permeabilitäten über 0,5 mD sind durch Klüfte bzw. Risse bedingt.

b) Durchlässigkeiten über 10^{-3} bis 0,5 mD werden in Schicht E ausschließlich in konglomeratischen Bereichen mit am Kern beobachteter und dokumentierter Kleinklüftung bestimmt. In der Schicht B sind solche Werte ausschließlich an Konglomeratbänke im oberen Teil (Abb. 1) bzw. an intensiv großgeklüftete Bereiche gebunden.

c) Die Intensität der Klein-/Mikroklüftung geht konform mit den Permeabilitätswerten:

– Bohrungen mit mächtigen, stark ausgeprägten Zonen intensiver Kleinklüftung zeigen das absolute Häufigkeitsmaximum zwischen 0,1 bis 0,5 mD.

– Bohrungen mit weniger ausgeprägten, geringmächtigeren intensiv klein-/mikrogeklüfteten Zonen der Konglomerate haben das absolute Maximum zwischen 0,01 und 0,05 mD, d. h. eine Zehnerpotenz niedriger.

d) Die „wahre Matrixpermeabilität" der Schicht E wird offenbar durch Werte unter 10^{-3} mD charakterisiert. Proben dieses Bereichs sind eindeutig ungeklüftetem Gestein zuzuordnen.

e) Die „wahre Matrixpermeabilität" der Schicht B wird durch Werte unter $5 \cdot 10^{-4}$ mD charakterisiert. Diese Aussage wird durch Permeabilitätsbestimmungen unter Überlagerungsdruck präzisiert. Dazu liegen Messungen des Brennstoffinstituts Freiberg vor, deren Werte zwischen $3 \cdot 10^{-4}$ und $9 \cdot 10^{-5}$ mD schwanken.

Kapillardruckmessungen

Nach Kenntnis der kluftbedingten Fehler bei der Matrixporositäts- und -permeabilitätsbestimmung sind nunmehr analoge Einflüsse an Kapillardruckmessungen zu betrach-

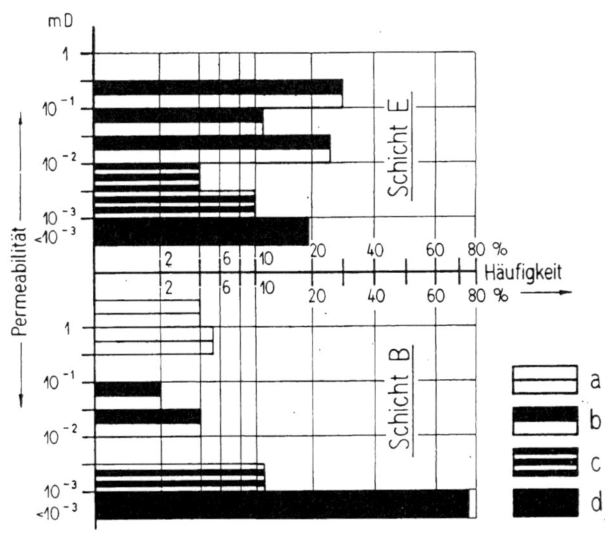

Abb. 4. Häufigkeitsverteilung von unter normalen Laborbedingungen bestimmten Permaebilitäten und Kennzeichnung des Klufteinflusses (am Beispiel einer ausgewählten Bohrung)

a – Probekörper mit makroskopisch erkannten Klüften und Rissen; b – Probekörper aus Bereichen mit am Kern beobachteter und dokumentierter Kleinklüftung; c – Probekörper aus Bereichen erhöhter Porositätswerte infolge Klein- und Mikroklüftung; d – Probekörper aus offenbar ungeklüfteten Kernintervallen („< 10^{-3} mD" ist die methodisch bedingte untere Nachweisgrenze; für Schicht B wurde dieser Bereich anhand von Kontrolluntersuchungen mit 10^{-4} mD charakterisiert)

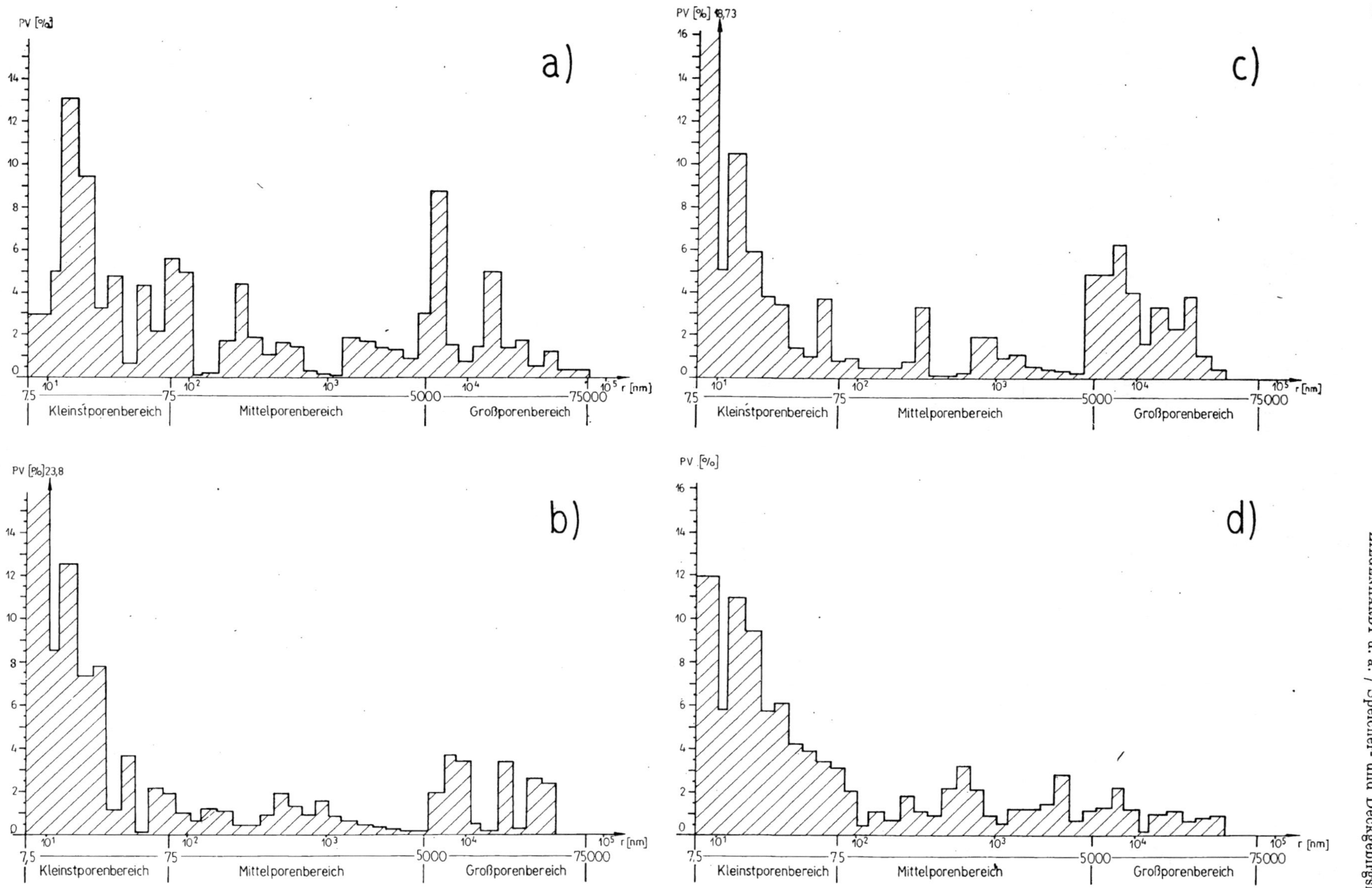

Abb. 5. Charakteristische Porenradienverteilungskurven

a – Feinsandstein, nachweislich klein- und mikrogeklüftet; b – Siltstein mit nachweisbarer (anhydritverheilter) Klüftung; c – Siltstein, tonig, linsenschichtig, Trockenrißbildung in Tonsubstanz; d – Konglomerat, verheilte Mikroklüftung, einzelne offene Großporen im Dünnschliff

ten. Wollte man deren Ergebnisse allein der ungeklüfteten Matrix zuordnen, würde die porengeometrische Auswertung zu nichtlösbaren Widersprüchen führen, z. B.:

— Restwassersättigungen von ca. 30% bei Porenradienmaxima im Kleinstporenbereich (unter 75 nm) und außerordentlich ungünstiger Porenradiensortierung ($S_0 < 0{,}1$) erscheinen für die Schicht E unglaubwürdig.

— Eine Großzahl von Proben zeigt ausgeprägte Peaks im Großporenbereich (über 5000 nm). Diese bilden teilweise sogar das absolute Porenradienmaximum und führen somit auch zu niedrigen Werten der Wassersättigung (S_w). Dies erscheint für die petrographische Ausbildung der Matrix in Schicht E unwahrscheinlich und in Schicht B völlig ausgeschlossen.

— Das Großporenvolumen der Schicht B wird anteilig größer als in Schicht E ausgewiesen. Das steht im krassen Widerspruch zur Permeabilitätsverteilung und zur petrographischen Charakteristik.

Eine Komplexauswertung (parallel und unter Einbeziehung der Ergebnisse von Permeabilitäts- und Porositätsbestimmungen, Kluftaufnahmen am Kernmaterial, Dünnschliffauswertungen, Anschliffuntersuchungen) zeigt eindeutig, daß die Kapillardruckmessungen unmittelbar den Einfluß der Klein-/Mikroklüftung des Gesteins widerspiegeln, indem

— z. T. offene Klein-/Mikroklüfte des Probekörpers,

— aufbereitungstechnisch aufgerissene latente bzw. ursprünglich verheilte Klein-/Mikroklüfte

in die Porenradienverteilungskurve einbezogen sind. Weiterhin wird deutlich, daß die Kapillardruckmessungen durch offensichtliche Trockenrißbildung in stark tonigen Proben (Tonschlieren) besonders der Schicht B verfälscht sind und daß sie nur in wenigen Fällen (und auch da nur bedingt) die vermutlich echten Matrixeigenschaften widerspiegeln.

Abb. 5a verdeutlicht den durch parallele Dünnschliffuntersuchung nachgewiesenen Einfluß echter Mikroklüftung und Geröllrisse auf die Porenradienverteilung, während Abb. 5b den Einfluß der auch durch Messungen am Kern dokumentierten Klüftigkeit auf die Kapillardruckergebnisse widerspiegelt; in Abb. 5c wird der Einfluß der Trockenrißbildung verdeutlicht (aufbereitungstechnisch bedingt und in Anschliffen eindeutig nachgewiesen). Neben diesen Beispielen treten, durch Trockenrisse bedingt, allerdings auch engbegrenzte Porenradienmaxima (Peaks) auf. Sie sind von den durch echte Klüftung hervorgerufenen nicht zu unterscheiden. — Abb. 5d charakterisiert offenbar am nächsten die Porenradienverteilung der ungeklüfteten Matrix der Schicht E. Der intergranulare Großporenraum entspricht 4,1% des Porenvolumens nach paralleler Dünnschliffuntersuchung.

Eine Gegenüberstellung anteiliger Kleinstporenvolumina (unter 75 nm) von Bohrungen in unterschiedlich stark geklüfteten Blöcken der subsalinaren Struktur deutet für Schicht E ebenfalls einen Zusammenhang zwischen struktureller Position —Kluftintensität—Porenraumgröße an. Während zwei Bohrungen der intenisv rupturell beeinflußten Blöcke A und B ein anteiliges Kleinstporenvolumen von 43,2 bzw. 44,5% aufweisen, liegt dieses in einer zum weniger geklüfteten Block D gehörenden Bohrung mit 52,0% deutlich höher.

Künstlich verursachte Porositätserhöhungen

Die kluftbedingten Fehleinschätzungen bei der Matrixbewertung schürten den Verdacht des weiteren Einflusses künstlicher, d. h. durch mechanische Probenaufbereitung erzeugter Porositätserhöhungen. Dies zu überprüfen war Aufgabe einer Kontrolluntersuchung an 65 Parallelproben einer Bohrung bei unterschiedlicher Entnahmeart, und zwar wurden aus den Probezylindern für Permeabilitätsbestimmungen in Abständen von jeweils ca. 3 bis 5 cm folgende Porositätsproben gewonnen:

— durch Herausschlagen mit dem Hammer ($= \varphi_h$); das ist der normale, bei allen übrigen Bemusterungen geübte Arbeitsgang;

— durch Heraussägen ($= \varphi_s$), um das Probenmaterial weitgehend zu schonen.

Beide Probenserien sind statistisch untersucht worden. Ihre Gegenüberstellung bringt zusammenfassend die in der Tabelle ausgewiesenen Ergebnisse, die nach Anwendung des Student-t-Tests bei einer Irrtumswahrscheinlichkeit von 5% als signifikant bezeichnet werden müssen. Danach ist sicher, daß die Art der Probenentnahme meßbar die effektiven Porositäten beeinflußt:

φ_h (gesamt)	: 3,85 Vol.-%
φ_s (gesamt)	: 3,33 Vol.-%
Abweichung absolut	: 0,52 Vol.-%
Abweichung relativ	: 13,5 %

Eine dem erkennbaren lithologischen Wechsel des Profils entsprechende Gliederung in die Profilteile I bis III bestätigt diese Aussage auch für kleinere Einheiten und zeigt darüber hinaus einen erwarteten Zusammenhang zur Lithologie (Tab.), indem homogenere Intervalle (II) offenbar geringere Abweichungen aufweisen als in Geröllanordnung und -größe inhomogene Intervalle (I und III). Das bedeutet, daß die durch mechanische Einwirkung in Form

Tabelle: Ergebnisse von Porositätsbestimmungen an 65 Parallelproben einer Bohrung zur Bewertung des Einflusses der Probenentnahmeart (nach internen Unterlagen von W. WEBER 1975)

Lithologische Kurzcharakteristik und grobe Profilgliederung: Teufe (m)	Profilteile	$\bar{\varphi}_h$ (Vol.-%)	$\bar{\varphi}_s$ (Vol.-%)	Abweichung absolut (Vol.-%)	Abweichung relativ (%)
735—756	I hoher Geröllanteil, große Gerölle, z. T. aufgelockerte Matrix	4,45	3,58	0,87	19,55
756—791	II niedriger Gröllanteil, Geröllgröße ist ausgeglichener	3,99	3,66	0,33	8,27
791—815	III wechselnde petrographische Ausbildung auf engstem Raum	3,16	2,64	0,52	16,45

des Probenschlagens mit dem Hammer erzielte künstliche Porositätserhöhung sehr stark von der Gerüstdichte des untersuchten Sediments abhängig ist. Inhomogenitäten in der lithologisch-petrographischen Zusammensetzung unterstützen zweifellos die künstlich geschaffene Auflockerung. Dabei scheint es selbstverständlich, daß es sich hier im wesentlichen um eine Aktivierung der praktisch überall ausgebildeten Mikroklüfte handelt.

Der vorstehend erfaßte „Hammerschlageffekt“ ist nur eine, wenn auch die vielleicht gravierendste Form der mechanischen Probenbeeinflussung. Tatsächlich muß jedoch die Frage aufgeworfen werden, in welchem Maße z. B. die mechanischen Einflüsse auf den Bohrkern, wie

— der Kernbohrvorgang selbst (einschließlich der Druckentlastung beim Zutagebringen),

— die Kernbehandlung, Art der Kernaufbewahrung sowie der Kerntransport,

— das Heraussägen von Probezylindern u. ä.

ebenfalls struktur- und damit porositätsverändernd wirken können. Dazu fehlen noch gezielte Untersuchungen. Unabhängig davon gilt es jedoch als sicher, daß alle Arten mechanischer Einflüsse auf Bohrkern und Probengut bei geklüftetem Gestein nur einseitig im Sinne von Porositätserhöhungen wirken.

3. Fehlereinflüsse bei der Deckgebirgsbewertung

Der Dichtheitsnachweis speicherabdeckender Schichten auch unter den Bedingungen wesentlicher Überschreitungen des initialen Schichtdrucks erfolgt während der UGS-Erkundung mit den bekannten Methoden der hydro-/gasdynamischen Schichterregung bei gleichzeitiger Kontrolle im überlagernden Indikatorhorizont bzw. im Bereich des Grundwassers. Unabhängig davon spielen im frühen Erkundungsstadium, vor Entscheidungen zu relativ aufwendigen hydro- und gasdynamischen Untersuchungsverfahren, petrophysikalische Parameterbestimmungen für begründete Schlußfolgerungen der Speicherdeckgebirgsdichtheit eine wesentliche Rolle. Hierbei auftretende Fehlereinflüsse haben ebenfalls wesentliche Bedeutung. Ihr Nichterkennen kann Fehleinschätzungen verursachen und möglicherweise ein intaktes Deckgebirge bis zur Entscheidung der Nichteignung für eine Untergrundspeicherung diskriminieren.

Der petrophysikalisch zu erbringende Dichtheitsnachweis stützt sich vor allem auf die Bemusterung und Bewertung flächenhaft aushaltender Ton- und Tonmergelsteine sowie salinarer Schichtfolgen. Insbesondere die Tonsteinkomponente, aber auch z. B. Anhydritlagen reagieren bekanntermaßen auf Beanspruchungen äußerst intensiv in Form meist engständiger Klüfte, d. h., es sind prinzipiell solche Fehlereinflüsse zu erwarten, wie sie vorstehend bei geringporösen Gesteinen bereits behandelt worden sind. Hier gewinnen aber künstliche mechanische Beanspruchungen während des gesamten Aufbereitungsvorgangs materialbedingt eine noch größere Bedeutung (Trocken-/Schrumpfungsrisse in Tonsteinen; durch Torsionen angelegte Risse beim Ausbohren der zylindrischen Probekörper; schichtparalleles Aufblättern in engen Tonsteinwechsellagen; Einflüsse der Spaltbarkeit bei Anhydrit u. a.). Es ist aber in der Regel nicht möglich, am Probekörper die Ursachen der mechanischen Einflüsse (d. h. kluftbedingt oder künstlich) zu ermitteln. Deshalb werden sie nachfolgend $\pm$ als Summeneffekt erfaßt.

Es ist darauf hinzuweisen, daß der Methode der Kapillardruckuntersuchung eine besondere Rolle zukommt, da über die Porenradienverteilung ein konkretes „geologisches Dichtheitsmaß“ in Form des kapillaren Eindringdrucks gefunden werden kann. Folgende Beispiele verdeutlichen, in welchem Umfang Fehleinschätzungen möglich sind.

a) Die im Abschnitt 2. behandelte Erdgaslagerstätte wird durch einige kleine, ebenfalls kluftgebundene, isolierte Gasakkumulationen im Staßfurtkarbonat (dichte Stinkschieferausbildung) überlagert. Beide Gasstockwerke sind eindeutig getrennt. Das wird durch große Druckdifferenzen und signifikante Unterschiede in der Gaszusammensetzung belegt. Als trennende Zwischenschichten (= Speicherabdeckung des späteren USG) fungieren Kupferschiefer (T 1), Zechsteinkalk (Ca 1), Werraanhydrit (A 1) und Stinkschiefer (Ca 2'st). Ihre Gasdichtheit ergibt sich allein aus der Existenz der Lagerstätte im Rotliegenden. Trotzdem werden diese Gesteine nach Kapillardruckmessungen als „speicherfähig“ und „durchlässig“ ausgewiesen. Für die durch petrographischen Aufbau, gemessene Porositäts- ($< 0{,}1$ bis $0{,}2$ Vol.-%) und Permeabilitätswerte (unterhalb der methodisch bedingten Nachweisgrenze, d. h. $< 10^{-3}$ mD) als dicht charakterisierten Deckschichten zeigen die anteiligen Porenvolumina < 75 nm, die Porenradienmaxima und danach bestimmten Haftwassersättigungswerte „günstigere Speichereigenschaften“ an, als in den eigentlichen Speicherschichten E und B ausgewiesen!

b) Ähnliche Ergebnisse sind aus dem mächtigen abdeckenden Rötkomplex (Oberer Buntsandstein) anderer in Erkundung stehender Speicher in Sandsteinhorizonten des Mittleren Buntsandsteins bekannt. Obwohl der abdichtende Deckgebirgscharakter der Anhydrite und Steinsalze des Röts durch Permeabilitätsbestimmungen unter in-situ-Bedingungen, durch Porositätsbestimmungen sowie aufgrund des petrographisch-strukturellen Aufbaus und auch durch einige unverfälschte Kapillardruckergebnisse zweifelsfrei nachgewiesen ist, täuscht die Mehrzahl der Kapillardruckmessungen an diesen Gesteinsproben eine praktisch nichtexistente „Speicher- und Durchflußkapazität“ vor. Es handelt sich um Analysenergebnisse, die trotz sorg-

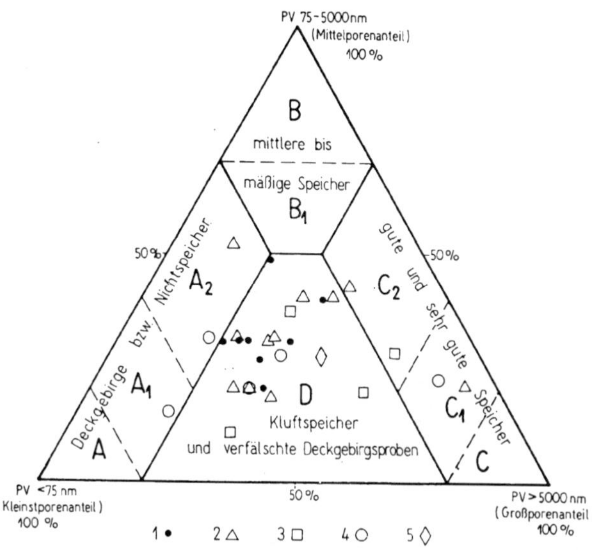

Abb. 6. Vorwiegende Anordnung der anteiligen Kleinst-, Mittel- und Großporenvolumina (PV) bei fehlerbeeinflußten Deckgebirgsanalysen

1 — Analysenwerte klüftiger Speicher der Schichten E und B; 2 bis 5 — verfälschte Deckgebirgsanalysenwerte für Anhydrit (2), Halit (3), Tonstein (4) und Rogenstein (5)

Zeitschrift für angewandte Geologie, Bd. 24 (1978), Heft 1

fältiger Probenauswahl nicht das Verhalten der untersuchten Gesteine im ungestörten Verband repräsentieren.

Für alle diese offensichtlich verfälschten Analysenergebnisse ist die Zugehörigkeit ihrer überwiegenden Mehrzahl zu einem definierten Porenradienverteilungstyp (im Sinne einer Klassifizierung) charakteristisch. Unabhängig von der lithologischen Ausbildung dieser dichten Gesteine nimmt ihr Porenradienverteilungstyp im Dreiecksdiagramm (Abb. 6) das für die klüftigen Speicher typische Feld D ein. Der Typ ist dadurch gekennzeichnet, daß eine ausgeprägte Dominanz eines der Porenradienbereiche (Kleinst-, Mittel- und Großporenbereich) fehlt; die absoluten Porenradienmaxima liegen vorwiegend im Kleinstporen-, jedoch teilweise auch im Großporenbereich.

Die kongruente Anordnung dieser verfälschten Analysenergebnisse zu den Untersuchungsdaten aus geklüfteten Speichern im Dreiecksdiagramm (Abb. 6) weist auf Art und Ursache der Fehlereinflüsse hin:

1. Anhydrit Steinsalz Karbonate	Mikrorißbildung bei der Probenaufbereitung entsprechend der Spaltbarkeit der Minerale bzw. bedingt durch stofflich andere Beimengungen (Tonschlieren, Gips u. a.)
2. Tonstein Mergelstein toniger Siltstein enge Wechsel von Tonstein/Siltstein	Trockenrißbildung in der tonigen Substanz beim Trocknen der Proben
3. zementierter Sandstein Konglomerat	Auflockerungseffekte im Gefüge bzw. Rißbildung bei der Probenaufbereitung

Abb. 7 zeigt ein typisches Beispiel einer durch Rißbildung verfälschten Porenradienverteilung im Anhydrit. Die teilweise Identität der durch künstliche Rißbildung bedingten Porenradienverteilungen mit denen tatsächlich geklüfteter Gesteine (Abb. 5, a und b) läßt die Schwierigkeiten einer eindeutigen Interpretation erkennen.

Bestimmungen der Porosität und Permeabilität in Gesteinen von Deckgebirgscharakter unterliegen analogen Fremdeinflüssen. Beispiele dafür sind sehr häufig. Die

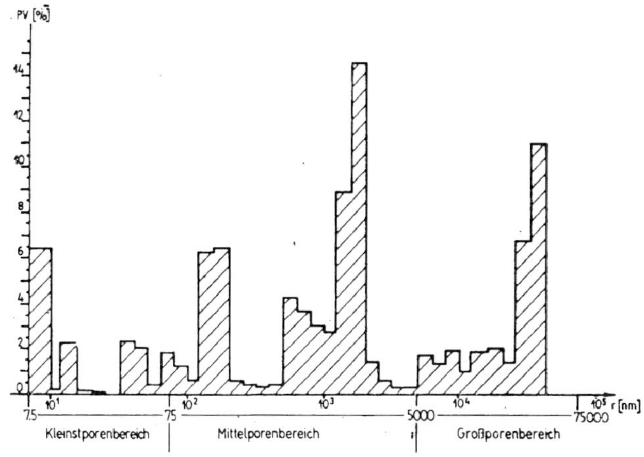

Abb. 7. Porenradienverteilungskurve von dichtem Anhydrit (vermutlich durch Spaltrisse verfälschte Werte)

vorstehend behandelten Deckschichten des basalen Zechsteins bzw. des Oberen Buntsandsteins (Röt) weisen nahezu ohne Ausnahme auch Permeabilitätswerte bis zu einigen Millidarcy aus, obwohl der Bereich $< 10^{-4}$ mD erwartet bzw. in offenbar ungestörten Probekörpern bestimmt wird. Hier ist der Fehler unübersehbar und seine Ursache gewöhnlich durch feststellbare Risse geklärt. Solche Analysenergebnisse sind zu verwerfen.

Am Beispiel der Abb. 8 wird illustriert, daß offensichtlich auch die mit der Tränkungsmethode bestimmten offenen Porositäten in tonigen Gesteinen zu fehlerhaften (indirekten) Aussagen über die Speicherdichtheit führen. Dargestellt ist die Porositätshäufigkeitsverteilung (a) zweier speicherfähiger Sandsteine und eines Tonsteins, dessen gasabdichtende Wirkung nachgewiesen ist. Die unterschiedliche Funktion dieser lithologischen Einheiten (Sandsteine = Speicher, Tonstein = Deckschicht) trotz generell vergleichbarer Porositätswerte erklärt sich aus den stark unterschiedlichen Kleinstporenradienanteilen (< 75 nm) am offenen Porenvolumen des Sandsteins bzw. Tonsteins (Abb. 8b). Die überraschende Tatsache, daß

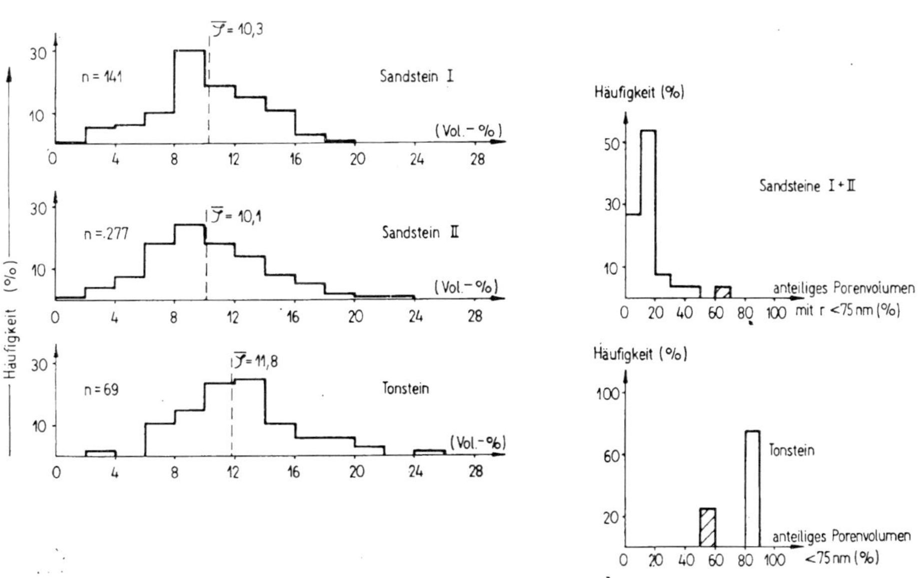

Abb. 8. Vergleich der Porositätsverteilungen (a) und der anteiligen Kleinstporenradienvolumina (b) von Sand- und Tonsteinproben
schraffiert: offensichtlich verfälschte Angaben infolge Schrumpfung und Rißbildung

der kommunizierende Porenraum im dichten Tonstein ($\bar{\varphi}$ = 11,8 Vol.-%) die entsprechenden Sandsteinwerte ($\bar{\varphi}$ = 10,1 bzw. 10,3 Vol.-%) sogar überschreitet, läßt sich ursächlich nicht von der unterschiedlichen Porenradienverteilung ableiten. Es muß vielmehr angenommen werden, daß in Gesteinen mit anteilig stark vertretener Tonkomponente die übliche Tränkungsmethode zu überhöhten Porositätswerten führt. Dieser systematische Fehler wird durch Schrumpfung der Tonpartikel und teilweise Rißbildung infolge des Trocknungsprozesses der Gesteinsproben bedingt. Dafür gibt es in der Praxis ausreichend Hinweise aus Speichergesteinen mit erhöhtem Tongehalt, aus Nichtspeichern (im industriellen Sinn) und aus reinen Deckgebirgsschichten (Tonsteinen) unterschiedlicher Lagerstätten. Es fehlen aber bislang eindeutig quantitativ auswertbare Untersuchungsergebnisse.

Diese offenbar direkte Abhängigkeit der Porositäts- und Permeabilitätsüberhöhung vom Tongehalt (bei Anwendung der üblichen laborativen Bestimmungsmethoden) ist seit geraumer Zeit bekannt (DACHNOW 1968, 1970; KOPOSOW, MOROZOWITSCH 1970). Bereits für Speichergesteine mit einem Tongehalt über 10% gibt DACHNOW (1970) die Fehlergröße bei der Porositätsermittlung mit über 10% (relativ) und die der Permeabilitätsbestimmung mit „einigen -zig Prozent" gegenüber den tatsächlichen in-situ-Werten an.

Es läßt sich ermessen, daß dieser Fehler in stark tonigen Deckgebirgsschichten so erheblich sein dürfte, daß eine repräsentative Bewertung solcher Gesteine mit den üblichen laborativen Methoden überhaupt in Frage zu stellen ist.

4. Schlußfolgerungen

Die vorgestellten Beispiele über Fehler bei der petrophysikalischen Speicher- und Deckgebirgsbewertung lassen für die untersuchten Speicher in klastischen Sedimenten (Rotliegendes) folgende Aussagen zu:

a) Die nach petrophysikalischen Parametern ohnehin extrem speicherungünstige Gesteinsmatrix unterliegt in einem solchen Maße starker Klein- und Mikroklüftung, daß die Porositätswerte um bis zu ca. 25 bis 50% (relativ), die Permeabilitäten um bis zu mehreren Zehnerpotenzen überhöht ausgewiesen werden und Kapillardruckmessungen völlige Fehlangaben bezüglich der Matrixbewertung liefern.

b) In diesen aus Klufteinflüssen herrührenden Parameteränderungen verbergen sich außerdem Fehler, die sich auf mechanische Einwirkungen bei der Probenbehandlung zurückführen lassen. Sie sind somit künstlich angelegt, aber durch die Gefügeanisotropie der intensiven Klüftung initiiert.

c) Über vergleichende Betrachtungen zwischen Kernbemusterungen und Laborwerten gelingt es, die Parameter der ungeklüfteten („wahren") Matrix näherungsweise zu bestimmen. Damit können eingangs aufgezeigte Fragen (Speicherkapazität der Matrix; Einfluß matrixgebundener Gasmengen auf die Mischgasentwicklung) gelöst werden, indem sich die „wahre Matrix" als Nichtspeicher erweist, d. h. die Speicherkapazität des hier untersuchten klastischen Rotliegenden wird allein durch effektive Klüfte bedingt. Diese Feststellung ist an anderer Stelle durch struktur- und speichergeologische Kriterien ausreichend belegt (ZIEGENHARDT u. a. 1976; ZIEGENHARDT 1976; ZIEGENHARDT, BRANDT & JAGSCH 1977).

Die getroffenen Schlußfolgerungen sind nicht ohne weiteres auf andere geklüftete Speichergesteine übertragbar. Insbesondere nimmt der Klufteinfluß mit wachsenden Matrixporositäten und -permeabilitäten naturgemäß ab; er bestimmt nicht mehr entscheidend die Speicherkapazität, sondern modifiziert nur noch lokal die Fließbedingungen (siehe Beispiele für Speicher im Buntsandstein und granular-porösen Staßfurtkarbonat bei ZIEGENHARDT 1976). Außerdem spielen Petrographie und Gerüstart/-dichte der Matrix eine Rolle. So weisen Proben aus Kluftspeichern im Staßfurtkarbonat zwar ausnahmslos asymmetrische Häufigkeitsverteilungskurven der Porosität aus (ZIEGENHARDT 1974, 1975; ZIEGENHARDT, PCHALEK 1976), doch werden hier die Bereiche höherer Porositätswerte dominierend durch Lagen onkolithischen (d. h. granular-porösen) Karbonats hervorgerufen. Außerdem zeigen Permeabilitätsbestimmungen meist einen plausiblen Zusammenhang zur zugehörigen Porosität. Das heißt, daß die Anzahl offensichtlich kluftbeeinflußter Probekörper (mit verhältnismäßig hohen Durchlässigkeiten) relativ niedrig scheint, obwohl der gesamte Gesteinsverband lokal extrem rupturell deformiert ist. Als Ursache dafür wird die im dichten Staßfurtkarbonat vorherrschende Gleichkörnigkeit (mikrokristallin, Korngrößen um 0,03 mm) angesehen. Diese bedingt vermutlich die Anlage vor allem glatter Kluftflächen ohne nennenswert verzweigte Mikroklüfte und -risse, wie sie für die beschriebenen inhomogenen Rotliegendkonglomerate typisch sind und dort porositäts-/permeabilitätserhöhend wirken. Diese wahrscheinliche These zur Erklärung des Verhaltens von Probekörpern aus geklüftetem, dichtem Staßfurtkarbonat ist aber durch gezielte Untersuchungen noch nicht ausreichend belegt.

Die mitgeteilten Ergebnisse zur Dichtheitsbewertung von Speicherdeckgebirgsschichten anhand von Porositäts-, Permeabilitäts- und Kapillardruckmessungen zeigen neben kluftverursachten Einflüssen vor allem materialabhängige und aufbereitungstechnisch, also künstlich hervorgerufene Fehlbestimmungen. Deren Kenntnis ist wichtig, um voreiligen negativen Einschätzungen zu begegnen. Das gilt vor allem bei der petrophysikalischen Beurteilung

— von Ton- und Tonmergelsteinkomplexen (Trocknungsrisse am Probekörper u. ä.),

— von Anhydritschichten (künstliche Aktivierung der natürlichen Spaltbarkeit);

in beiden Fällen darf vor lauter Laborwerten nicht unberücksichtigt bleiben, daß diese Schichten schon bei geringen Mächtigkeiten im natürlichen Verband hervorragende Abdichteigenschaften besitzen. Sie sind praktisch analog zu bewerten wie Steinsalz im Gebirgsverband. Dessen Dichtheit ist sowohl natürlich (= Abdeckhorizont für Erdöl/Erdgas-Lagerstätten) als auch im untertägigen Experiment (FÖRSTER 1972, 1974) überzeugend nachgewiesen, obwohl laborative Untersuchungen öfter unerwartete (weil für den natürlichen Verband nicht repräsentative) Porositäts- und Permeabilitätswerte liefern. Daraus eine Durchlässigkeit des Salzgebirges für Fluide zu verallgemeinern, erscheint jedoch völlig verfehlt.

Zusammenfassung

Es werden beträchtliche Fehlereinflüsse bei laborativen Porositäts-, Permeabilitäts- und Kapillardruckmessungen der Gesteinsmatrix belegt, die durch intensive Klüftung verursacht sind. Am Beispiel eines Speichers in dichten Rotliegendsedimenten kann dieser Fehler quantifiziert werden. Erst damit ist eine realistische Einschätzung der Matrixspeichereigenschaften möglich. Natürliche, vor allem aber künstlich entstandene (aufbereitungstechnisch verursachte) Risse in Probekörpern können bei der geologischen Dichtheitsbewertung von Deckgebirgsschichten zu falschen Schlußfolgerungen führen. Das wird an verschiedenen Beispielen für Schichten mit eindeutig abdeckendem Charakter demonstriert.

Резюме

Доказываются влияния значительных ошибок при лабораторных измерений пористости, проницаемости и капиллярного давления материнской породы, что вызвано интензивной трещиноватостью. На примере коллектора в плотных отложениях ротлигендеса количественно оценывают эту ошибку. Только этим возможно реальная оценка материнских свойств коллектора. Естественно, но прежде всего искусственно происхожденные (при обратоке технически возникшие) разрывы в испытиваемых телах могут вести при геологической оценке плотности пластов покрывающих пород к неправильным выводам. Это показывается различными примерами для пластов, имеющие ясно покрывающий характер.

Summary

Considerable influences of errors caused by intense jointing are demonstrated in laboratory measurements of the porosity, permeability and capillary pressure of the rock matrix. A reservoir in compact Lower Permian sediments serves as an example to quantify these errors. Thus only the storage capacity of the matrix can be estimated realistically. Natural cracks, but above all those formed artifically in test specimens (which are due to the dressing technique), may lead to wrong conclusions in the geological evaluation of covering beds, as is demonstrated by various examples of beds having a clearly covering character.

Literatur

DACHNOW, W. N.: Opredelenie koeffizienta poristosti, neftegasonasytschenia i pronicaemosti glinistich granuljarnych kollektorow pri podtschetach sapasow nefti i gasa. – Geol. nefti i gasa, 11, Moskwa 1968.

– Sostojanie i puti powyshenia totschnosti opredelenia podtschetnych parametrow produktiwnych neftegasonosnych kollektorow po geofisitscheskim dannym. – VNIIOENG (Seria „Neftegasowaja geologia i geofisika“), Moskwa 1970.

FÖRSTER, S.: Durchlässigkeitsuntersuchungen an Salzgesteinen, ein Beitrag zur Speicherung von gasförmigen und flüssigen Medien in Salinarhohlräumen. – Diss. A, Bergakademie Freiberg, Freiberg 1972.

– Durchlässigkeits- und Rißbildungsuntersuchungen zum Nachweis der Dichtheit von Salzkavernen. – Neue Bergbautechn., **4**, 4, 278–283, Leipzig 1974.

KOPOSOW, J. A.; MOROZOWITSCH, J. R.: Wlijanie glinistosti porod na resultaty opredelenia poristosti po kernu. – VNIIOENG (Seria „Neftegasowaja geologia i geofisika“), Moskwa 1970.

MÜLLER, L.: Der Felsbau. – Stuttgart (Enke-Verlag) 1963.

PACHER, F.: Kennziffern des Flächengefüges. – Geol. Bauw., **24**, 223–227, Wien 1959.

RICHTER, H. CH.; MOLEK, H.; REUTER, F.: Methodische Probleme bei der Ermittlung strukturgeologischer Primärdaten im Fels und ihrer Weiterverarbeitung zu statistischen Kenngrößen des Gesteinsverbands. – Z. angew. Geol., **22**, 5, 238–243, Berlin 1976.

ZIEGENHARDT, W.: Zur Speichercharakteristik des Staßfurtkarbonats unter extremer bruchtektonischer Beanspruchung. Ein Beitrag zur Signifikanz von Kluftspeichern. – Z. angew. Geol., **20**, 8, 337–343, Berlin 1974.

– Einige geologische Aspekte der Kohlenwasserstoff-Frühbildung in Karbonaten. – Z. angew. Geol., **21**, 11, 517–526, Berlin 1975.

– Kluftspeicher und Speicherklüftung (Zwischenbericht zur Charakteristik der speichergeologischen Bedeutung lokaler Rupturen). – Vortrag gehalten auf der Arbeitstagung Ges. geol. Wiss., Berlin 1976; Z. geol. Wiss.

ZIEGENHARDT, W.; BERGER, H.; GAUSSMANN, H.; JAGSCH, R.: Strukturelle Charakteristik eines Kluftspeichers im Saxon (Rotliegendes) und daraus abgeleitete erkundungsmethodische Probleme und Ergebnisse. – Vortrag gehalten auf dem Berg- und Hüttenmännischen Tag, Freiberg 1976; Neue Bergbautechn., Leipzig 1977.

ZIEGENHARDT, W.; BRANDT, W.; JAGSCH, R.: Strukturelle Charakteristik eines Kluftspeichers im sedimentären Rotliegenden. – Z. angew. Geol., **23**, 11, Berlin 1977.

Zum Spurenelementgehalt der Quarze im Glassand von Hohenbocka

BLANKENBURG, H.-J., Freiberg

1. Einleitung

Viele der bisherigen Untersuchungen an Glassanden beschäftigen sich mit den Begleitmineralen oder der organischen Substanz und zeigen die Beziehung zum Spurenelementgehalt auf. Über den Quarz selbst gibt es noch keine derartigen Daten, wohl aber eine Reihe von Meßwerten zur Morphologie und zur Klärung der Primärgenese der Quarze im Sandsediment. Insbesondere die letztgenannten Untersuchungen (BLANKENBURG u. a. 1977) lieferten eine Korrelation zwischen der Primärgenese der Quarze und solch wichtigen Eigenschaften, wie der Korngrößenverteilung, dem Rundungsgrad und der Oberflächenrauhigkeit der Sandkörner.

In einem anderen Diagramm (Abb. 1) ist mit dem B-Zr-Ti-Verhältnis nachgewiesen, daß es eine Beziehung zwischen dem Spurenelementgehalt und der Korngröße des Quarzsandes gibt. Es scheint also eine weitere Beziehung zwischen der Primärgenese der Quarze und dem Spurenelementgehalt zu bestehen. Mit der Abnahme der Korngröße des Sandes nimmt der Anteil metamorpher Quarze und auch der Titangehalt (absolut und relativ) zu, und es ist zu erwarten, daß der metamorphe Quarz im Hohenbockaer

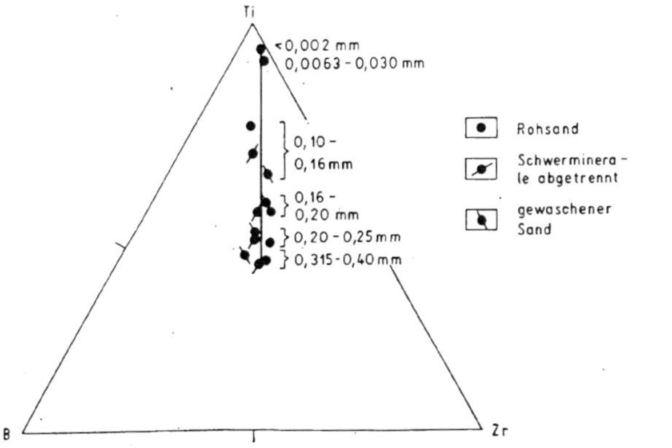

Abb. 1. Die Abhängigkeit des Ti-B-Zr-Verhältnisses von der Korngröße (und den unterschiedlichen Begleitmineralen) des Quarzsandes von Hohenbocka.

Die feineren Kornfraktionen weisen höhere Ti-Gehalte auf; das B:Zr-Verhältnis bleibt gleich. Da die Begleitminerale diese Ergebnisse nicht überdecken, kann daraus geschlußfolgert werden, daß die Quarzfraktionen selbst unterschiedliche Zusammensetzung aufweisen (nach BLANKENBURG 1977)

Sand einen höheren Spurenelementgehalt aufweist als der magmatische Quarzanteil.

Da es bis jetzt keine Clarkes für Quarze verschiedener Bildungsbedingungen gibt, wurde die im folgenden beschriebene Probenpräparation gewählt.

Eingang des Manuskripts in der Redaktion: 23. 11. 1976.
Sektionsveröffentlichung Nr. 651 der Bergakademie Freiberg, Sektion Geowissenschaften

2. Probenpräparation und Untersuchungsmethodik

Eine Sandprobe aus dem Werk 2 wurde eng klassiert (8 Fraktionen) und wie folgt aufbereitet:

- Mehrmalige Wäsche mit 2*n* NaOH in Siedehitze, bis zur völligen Entfernung der organischen Substanz; anschließende gründliche Wasserwäsche.
- Abtrennung der Schwerminerale mittels Tetrabromäthan und Zentrifuge.
- Glühen der Sandfraktionen bei 1000 °C zwecks Abrösten eventuell vorhandener Restgehalte durch Adhäsion an der Quarzkornoberfläche gebundener Pyritpartikel; anschließende mehrmalige Behandlung mit 1 : 1 verdünnter HCL in der Siedehitze.
- Aufmahlen im Achatmörser unter Beachtung strengster Reinheit.

Untersucht wurden die Proben mit der quantitativen spektrographischen Analysenmethodik mittels Bogenanregung (Schrön & Rost 1969).

3. Ergebnisse und Interpretation

Die in den verschiedenen Quarzsandfraktionen spektrochemisch ermittelten Spurenelemente sind in Tab. 1 zusammengestellt. Sie zeigen für Fe und Ti eine deutliche Zunahme des Gehalts zur feinsten Körnung hin; bei Zr und B ist diese Abhängigkeit weniger vorhanden.

Tab. 1. Spurenelementgehalte verschiedener Kornfraktionen des aufbereiteten Hohenbockaer Quarzsandes

Körnung (mm)	Chemismus (ppm)			
	Fe	Ti	Zr	B
+0,4	40	42	60	27
+0,315	27	43	65	30
+0,25	28	52	60	25
+0,2	25	70	60	24
+0,16	31	68	65	26
+0,1	45	160	65	31
+0,063	130	> 1200	100	30
+0,04	490	> 1200	120	34

Für die folgende Interpretation interessierte nun die Beziehung zwischen dem Spurenelementgehalt und dem Anteil des metamorphen Quarzes im Sand. Zu diesem Zweck wurden aus dem Diagramm der Korngrößenverteilung[1]) für jede Kornfraktion der Anteil metamorpher Quarze entnommen und dieser Zahlenwert mit dem Spurenelementgehalt der jeweiligen Kornfraktion korreliert (Abb. 2). Das Ergebnis ist überraschend. Wenn man zwei Komponenten mischt und eine von beiden ein größerer Spurenelementträger ist, dann müßte eine lineare Abhängigkeit des betreffenden Elementgehalts zwischen Komponente A und B vorhanden sein.

Das Ergebnis in Abb. 2 läßt sich folgendermaßen interpretieren:

Da im Beitrag Blankenburg u. a. (1977) nachgewiesen wurde, daß die relative Anreicherung der metamorphen Quarze in den feinen Fraktionen des marinen Quarzsandsediments von Hohenbocka auf dem langen Transportweg durch Zertrümmerung ehemals größerer Kirstalle (größer als 0,315 mm) verursacht wurde, andererseits aber auch metamorphe Quarze in den gröberen Körnungen auftreten, könnte man schlußfolgern, daß die Kristalle

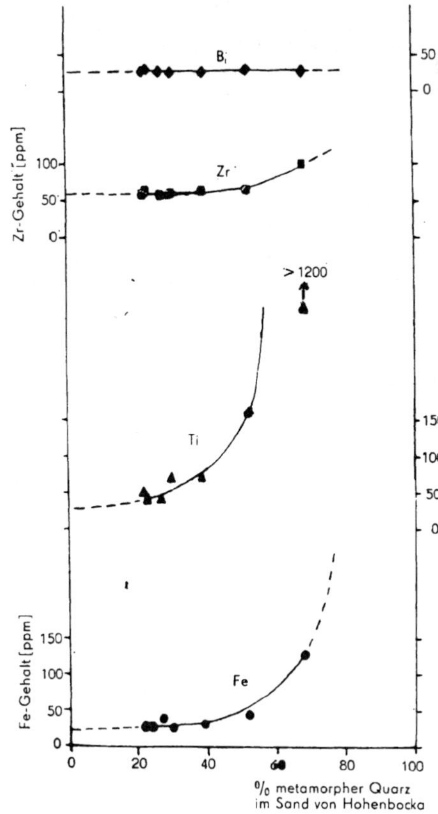

Abb. 2. Beziehung zwischen dem Spurenelementgehalt der Quarzfraktionen und dem Anteil metamorpher Quarze im Sand von Hohenbocka.

Das Diagramm zeigt für Fe und Ti keine lineare Abhängigkeit, deshalb wird auf eine unterschiedliche mechanische Festigkeit der metamorphen Quarze und damit auf eine relative Anreicherung der am stärksten fehlgeordneten Kristalle in der feinsten Fraktion geschlossen.

aufgrund eines unterschiedlichen Fehlordnungsgrades im realen Gitter auf die mechanische Belastung verschieden stark reagierten. Man kann von einer Selektion sprechen; die metamorphen Quarze mit den meisten Gitterfehlern zeigen eine geringere mechanische Festigkeit und reichern sich durch die Zertrümmerung in der feinsten Fraktion des Sandes an (Abb. 3).

Diese Aussage läßt eine weitere Schlußfolgerung zu: Wenn eine Selektion möglich ist und auftritt, müssen die metamorphen Quarze ein unterschiedliches Edukt haben.

Für die Quarzsandlagerstätte Hohenbocka wird als Ausgangsmaterial der Ältere Lausitzer Schuttfächer und der Nordwestsächsische Schuttfächer angesehen (Blankenburg 1977). Diese wiederum sind Umlagerungen von Gesteinen der Lausitz und Nordböhmens. Möglicherweise sind dabei auch die Kreidesandsteine erodiert worden, die Tröger (1964) auf dem Granodioritmassiv der Lausitz vermutete. Der Hohenbockare Sand kann also metamorphe Quarze verschiedener Eduktgesteine enthalten.

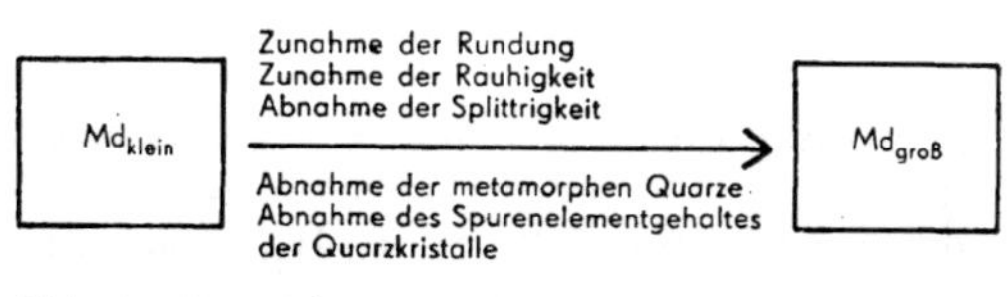

Abb. 3. Beziehung zwischen der mittleren Korngröße (Md-Wert), der Rundung und Oberflächenrauhigkeit sowie der Primärgenese der Quarze und dem Spurenelementgehalt der Quarzkristalle.

[1]) Dieses Diagramm entspricht der Abb. 2 im Beitrag Blankenburg u. a. in dieser Zeitschrift (Heft 8/77, S. 394).

Die oben diskutierten Gitterstörungen können nun durch die unterschiedlichsten Fehlordnungen verursacht worden sein. Da hier der Spurenelementgehalt interessiert, kommen nur die Substitutions- und Additionsfehlordnung, sowie dreidimensionale Baufehler (also Mineraleinschlüsse) in Frage.

Für die Ionenradien von Si^{4+} (0,42 Å), Ti^{4+} (0,68 Å), Fe^{3+} (0,64 Å), Fe^{2+} (0,74 Å), Zr^{4+} (0,79 Å) und B^{3+} (0,23 Å) ist nach den bisherigen Kenntnissen eine Diadochie nicht wahrscheinlich, deshalb wird als wichtigste Fehlordnung der Anti-Schottky-Typ angesehen.

Da der Ti-Gehalt in der feinsten Fraktion > 1200 ppm (entspricht > 2000 ppm TiO_2) beträgt, ist auch noch mit Rutileinlagerungen zu rechnen. Im Polarisationsmikroskop wurden mitunter kleine nadlige Mineraleinschlüsse beobachtet.

Sowohl die addierten Ionen, als auch die Mineraleinschlüsse, verursachen Druckspannungen im Gitter, die zur Verminderung der mechanischen Festigkeit der Quarze führen.

Den morphologischen Zustand eines Mineralkorns im Sediment beeinflussen demnach folgende Faktoren:

1. Der Aufschlußgrad des Ausgangsgesteins, also der Grad der Verwitterung;
2. die Verwitterungsresistenz des Minerals;
3. die Länge des Transportwegs;
4. das Transportmedium;
5. die Kinetik der Transport- und Sedimentationsbedingungen;
6. die Festigkeitsanisotropie des Gitters;
7. die Realstruktur, also die Gitterbaufehler im weiteren Sinne.

Die Spurenelementgehalte der Quarze verschiedener Primärgenese im Hohenbockaer Sand können in Ableitung aus dem bisher Gesagten, wie in Tab. 2 zusammengestellt, angegeben werden. Als nächste Aufgaben würden sich nun anbieten:

— Geochemische Untersuchungen an anderen Sedimenten bis zur Nutzung dieser Beziehungen für genetische Aussagen.
— Geochemische Untersuchungen an Quarzen verschiedener metamorpher Gesteine aus dem Südteil der DDR mit dem Ziel der Klärung des Edukts des Hohenbockaer Sandes.

Tab. 2. Die Spurenelement- und Elementoxidgehalte der Quarze unterschiedlicher Primärgenese im Quarzsand von Hohenbocka (Angaben in ppm)

Spurenelemente	Primärgenese der Quarze	
	Magmatisch	Metamorph
Fe	20	30 bis > 500
Fe_2O_3	58	86 bis > 1800
Ti	30	40 bis > 1200
TiO_2	50	67 bis > 2000
Zr	60	60 bis 120
ZrO_2	81	81 bis 162
B	25	30
B_2O_3	160	190

Für die Nutzung des Sandes in der Glasindustrie sind folgende Aussagen von Interesse:

— Je gröber das Korn ist, um so geringer ist der Anteil metamorpher Quarze, also der Quarze mit dem höheren Spurenelementgehalt.
— Im Feinstkorn des Sandes sind nicht nur die Begleitminerale und die organische Substanz als Träger von färbenden Elementen von Bedeutung, sondern es treten auch beachtliche intrakristallin gebundene Fe- und Ti-Gehalte auf.

Diese Aussagen lassen es als sinnvoll erscheinen, die Körnung kleiner als 0,1 bzw. 0,16 mm für den Einsatz des Sandes in der Glasindustrie abzutrennen.

Für die Nutzung des Hohenbockaer Sandes in der Gießereiindustrie spielt die thermische Belastbarkeit der Kristalle eine gewisse Rolle. Quarze mit höheren Spurenelementgehalten sind sicherlich nicht so hoch belastbar wie solche mit geringem Fehlordnungsgrad, d. h. Sande mit hohem Anteil metamorpher Quarze sind weniger gut geeignet. Die morphometrischen Eigenschaften, die bei der Nutzung der Quarzsande in Formstoffmischungen eine gewisse Rolle spielen, seien hier nicht diskutiert.

Der Autor möchte Herrn Dr. W. SCHRÖN, Bergakademie Freiberg, Sektion Geowissenschaften, recht herzlich für die Anfertigung der Spurenelementanalysen danken.

Zusammenfassung

Zwischen dem Spurenelementgehalt der Quarze und deren Primärgenese konnten Beziehungen festgestellt werden, die im Hohenbockaer Sand gleichzeitig zur Korrelation genutzt werden können. Auf die Bedeutung für geologisch-genetische Aussagen und für die Rohstoffnutzung wird hingewiesen.

Резюме

Возможно было установить отношения между содержанием рассеянных элементов кварцов и их первичным генезисом, которые одновременно можно пользовать в песке у Хоенбока для корреляции. Указывается на значение для геолого-генетических высказываний и для использований сырья.

Summary

Relations could be stated between the content of trace elements of quartzes and their primary genesis, which can simultaneously be used for correlation in the sand of Hohenbocka. The importance for geological-genetical statements and for the utilization of raw materials is emphasized.

Literatur

BLANKENBURG, H.-J.; NOACK, G.; WANEK, I.: Zur Beziehung zwischen der Primärgenese der Quarze und der Korngröße des Quarzsandes von Hohenbocka. — Z. angew. Geol., 23, 8, Berlin 1977.

BLANKENBURG, H.-J. u. a.: Quarzrohstoffe und deren Verwendung. — VEB Dt. Verl. Grundstoffindustrie, Leipzig 1977.

SCHRÖN, W.; ROST, L.: Atomspektralanalyse. — VEB Dt. Verl. Grundstoffindustrie, Leipzig 1969.

TRÖGER, K. A.: Die Ausbildung der Kreide (Cenoman bis Coniac) in der Umrandung des Lausitzer Massivs. — Geologie, 13, 717—730, Berlin 1964.

Niveau und Entwicklung der Gesamtkosten für das Niederbringen von Bohrungen in Abhängigkeit von der Endteufe

MACH, B., Berlin

Einleitung

Einen besonders großen Umfang an den Aufwendungen für geologische Untersuchungsarbeiten auf Erdöl-Erdgas nehmen die Kosten für das Niederbringen von Bohrungen (beginnend bei der Bohrplatzvorbereitung bis zur Bohrplatzberäumung) ein. Die genaue Kenntnis der Zusammenhänge von Einflußfaktoren und Kosten für eine Bohrung hat große Bedeutung für perspektivische Aufwands- und Effektivitätsberechnungen, für die Projektierung, Planung und Abrechnung dieser technisch-technologischen Hauptleistung der Geologie, für die ökonomische Stimulierung dieses Prozesses, insbesondere für die Bewertung und Preisbestimmung dieser Leistung.

Die Erfahrungen der vergangenen Jahre haben gezeigt, daß gewisse Einflußfaktoren (Bohrbarkeit, Bohrintervall u. ä.) nur begrenzt Allgemeingültigkeit besitzen und daß ein lineares Verhalten der Bohrkosten in Abhängigkeit von der Endteufe nur in begrenzten Teufenintervallen besteht. Die Endteufe spielte in den vergangenen Jahren keine Rolle bei der Bewertung und Preisgestaltung der bohrtechnischen Leistungen. Das führte dazu, daß Bohrungen von unterschiedlicher Zielbestimmung und Endteufe (z. B. eine Forschungsbohrung mit Endteufe von 5000 m und eine Produktionsbohrung mit Endteufe von 2500 m bei annähernd gleichen geologischen Bedingungen bis zur vergleichbaren Teufe von 2500 m) über den Bohrmeterpreis auch preislich gleich bewertet und abgerechnet werden mußten, obwohl projektierter und tatsächlich erreichter Aufwand bis zu dieser Teufe große Unterschiede aufwies. Die Ursache hierfür bestand darin, daß die Bohrmeterkosten auf der Grundlage von ca. 220 repräsentativen Bohrungen bestimmt wurden, die bis zum Jahre 1962/63 niedergebracht worden waren und von denen nur wenige die Entdeufe von 3000 m erreicht hatten.

Ausgehend von der Erkenntnis, daß sich die Kosten in den Teufenintervallen zwischen 2000 und 3000 m annähernd linear verhalten, wurde geschlußfolgert, daß sich diese Liniarität auch über 3000 m fortsetzt. Durch Extrapolation wurde der Bohrmeterpreis auch für die Teufenbereiche über 3000 m bestimmt. Dabei wurde auch nicht berücksichtigt, daß der Aufwand für eine 5000 m-Bohrung im Teufenbereich bis 2500 m ein wesentlich anderer ist als der für eine 2500 m-Bohrung im gleichen Teufenbereich. Diese beiden wesentlichen Fehler führten in der Praxis in einigen Fällen zu Liquiditätsschwierigkeiten der Erkundungsbetriebe.

Deshalb wurden im Jahre 1971 die Preise für Bohrungen überarbeitet und auf der Grundlage von Aufwandsnormativen neu bestimmt. Nunmehr setzt sich der Preis aus der Summe der Aufwandsnormative für folgende Leistungsarten zusammen:

— Bohrplatzvorbereitung,
— Umbau von Bohranlagen,
— Niederbringen der Bohrungen,
— Testarbeiten,
— Bohrplatzberäumung (Rekultivierung).

Dabei spielen eine ganze Reihe von Einflußfaktoren für die Bestimmung und Auswahl der Aufwandsnormative für die Bewertung und Abrechnung eine Rolle (z. B. Produktionsetappe u. a.). Das Aufwandsnormativ für das Niederbringen einer Bohrung, d. h. für den eigentlichen Abteufprozeß, hat generell die Endteufe zum Bezug. Diese Aufwands- und Preisbestimmung hat wesentliche Vorteile gegenüber der bisher praktizierten Methodik. Der Haupteffekt der neuen Preise besteht in ihrer stimulierenden Wirkung auf die Minimierung der Kosten, wie die Entwicklung seit 1972 bewiesen hat.

Eingang des Manuskripts in der Redaktion: 28. 1. 1977.

Für Bohrungen über 5500 m wurden noch keine Aufwandsnormative bestimmt. Hier können die Betriebe ihre Leistungen zu Planselbstkosten entsprechenden Projekten abrechnen. Eine Planbewertung ohne Projekt ist nicht möglich. Hier gibt es Nachholebedarf für die Preisarbeit der Folgejahre.

Das Kosten-Teufen-Verhalten bei Bohrungen

Das Ziel nachstehender Untersuchung besteht

a) in der Analyse des Verhältnisses vom Gesamtaufwand für eine Bohrung zu ihrer Endteufe und im Erkennen gewisser Gesetzmäßigkeiten und

b) in der Prüfung der Möglichkeit, Planungsnormative für den Prozeß des Niederbringens von Bohrungen anzuwenden.

Bereits im Jahre 1972 waren wichtige Bohrungen, die im wesentlichen bis 1970/71 niedergebracht worden waren, und ihr Kosten-Teufen-Verhalten analysiert worden.

Den Untersuchungen dieser Kostenkurve lagen die Gesamktkosten von drei Bohrungen in den Teufenbereichen um 2000 m Endteufe, von vier Bohrungen um 3500 m, von einer Bohrung bei 4000 m, von zwei Bohrungen um 5000 m und von einer Bohrung von 7000 m zugrunde. Die graphische Interpretation zeigte eine stark progressive Abhängigkeit der Kosten von der Endteufe der Bohrungen (Abb.). Die Kosten-Teufen-Kurve hat den Charakter einer Parabel.

In der weiteren Arbeit kam es darauf an, diese sich andeutende Gesetzmäßigkeit (Parabelcharakter des Kosten-Teufen-Verhältnisses) auch mathematisch zu belegen und die Realität an weiteren abgeteuften Bohrungen zu überprüfen. Die vorgegebene Aufgabe, den aus Erfahrungswerten in grafischer Form vorliegenden Zusammenhang zwischen Kosten und Teufen von Bohrungen analytisch herzustellen, wird mathematisch[1] wie folgt formuliert:

Gegeben sind n-Wertepaare (t_i, k_i) $i = 1, \ldots, n$
t_i = Teufe der i-ten Bohrung
k_i = Kosten der i-ten Bohrung

Die Approximation der durch die Wertepaare vermittelten Punktmenge durch eine geeignete analytische Funktion erfolgt nach der GAUSSschen Methode der kleinsten Quadrate. Die grafische Darstellung der Kosten-Teufen-Diagramme legt es nahe, die Approximation der Punktmenge durch eine Parabel vorzunehmen. Es wird folgender Ansatz gemacht:

$$k = at^2 + bt \qquad (1)$$

(Die Aufnahme eines absoluten Glieds erübrigt sich, da die Kurve durch den Nullpunkt gehen muß).

Die Koeffizienten a und b werden entsprechend der

[1] Mit freundl. Unterstützung durch Dipl. math. K. WESNIGK

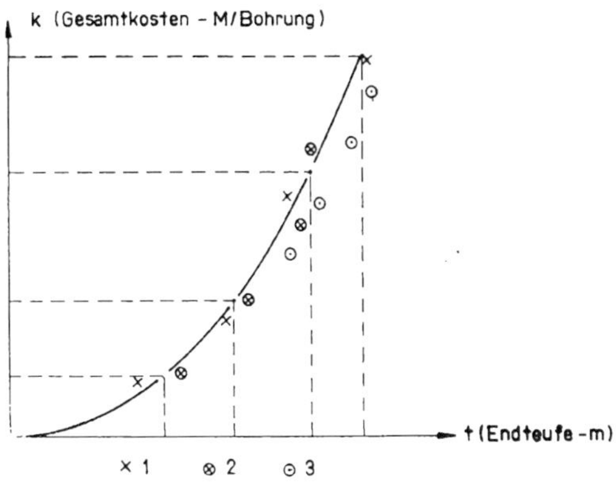

Abb. Entwicklung der Gesamtkosten für eine Bohrung in Abhängigkeit von ihrer Endteufe

1 — Werte von Bohrungen der Jahre 1970 bis 1971; 2 — Werte von Bohrungen der Jahre 1972 bis 1973; 3 — Werte von Bohrungen der Jahre 1974 bis 1976

GAUSSschen Methode so bestimmt, daß die Summe der Fehlerquadrate

$[k_i - k(t_i)]^2$ ein Minimum annimmt.

D. h.:

$$S = \sum_{i=1}^{n} [k_i - k(t_i)]^2 \rightarrow \text{Min.} \qquad (2)$$

Diese Bedingung ist genau dann erfüllt, wenn das totale Differential dS der Funktion S verschwindet:

$$dS = \frac{\partial S}{\partial a} da + \frac{\partial S}{\partial b} db = 0 \qquad (3)$$

Das ist nur dann der Fall, wenn die partiellen Ableitungen der Funktion S nach a bzw. b für sich gleich Null werden.
Hieraus ergeben sich als Bestimmungsgleichungen für die Koeffizienten a und b die sogenannten Normalgleichungen:

$$\frac{\partial S}{\partial a} = 0 \qquad (4a)$$

$$\frac{\partial S}{\partial b} = 0 \qquad (4b)$$

Entsprechend dem Ansatz (1) nehmen die Gleichungen in unserem Fall folgende Form an:

$$\begin{aligned} S &= \sum_{i=1}^{n} \{k_i - [at_i^2 + bt_i]\}^2 \\ &= \sum_{i=1}^{n} \{k_i^2 - 2(at_i^2 + bt_i)\, k_i + (at_i^2 + bt_i)^2\} \\ &= \sum_{i=1}^{n} [\{k_i^2 - 2at_i^2 \cdot k_i - 2bt_ik_i + a^2t_i^4 + 2abt_i^3 + b^2t_i^2\}] \\ &= \sum_{i=1}^{n} \{a^2t_i^4 + 2abt_i^3 - 2at_i^2k_i + b^2t_i^2 - 2bt_ik_i \\ &\quad + k_i^2\} \rightarrow \text{Min.} \end{aligned} \qquad (2)$$

$$\frac{\partial S}{\partial a} = \sum_{i=1}^{n} \{2at_i^4 + 2bt_i^3 - 2t_i^2k_i\} = 0 \qquad (4a)$$

$$\frac{\partial S}{\partial b} = \sum_{i=1}^{n} \{2at_i^3 + 2bt_i^2 - 2t_ik_i\} = 0 \qquad (4b)$$

Hieraus ergeben sich schließlich zur Bestimmung der in der allgemeinen Parabelgleichung (1) auftretenden Koeffizienten a und b folgende Gleichungen:

$$a \sum_{i=1}^{n} t_i^4 + b \sum_{i=1}^{n} t_i^3 = \sum_{i=1}^{n} t_i^2k_i$$

$$a \sum_{i=1}^{n} t_i^3 + b \sum_{i=1}^{n} t_i^2 = \sum_{i=1}^{n} t_ik_i$$

Die aus diesem Gleichungssystem ermittelten Werte für a und b sind in die Formel (1) einzusetzen, die dann die Gleichung der Parabel darstellt, welche die vorgegebene Punktmenge im Sinne der GAUSSschen Methode der kleinsten Quadrate am besten approximiert.
Zur Bestimmung der Werte a und b wurden drei charakteristische Ergebnisse von niedergebrachten Forschungs- bzw. Suchbohrungen verwendet. Die Gegenüberstellung der absoluten Werte von a und b mit den Ausgangswerten zeigt eine weitgehende Übereinstimmung. Das gleiche Ergebnis zeigt die Gegenüberstellung zwischen Graphik und den nach o. g. Formel bestimmten Werten. Die größte Übereinstimmung wird in beiden Fällen (Istwerte von drei Bohrungen und Graphik entsprechend Anlage) in den Teufenbereichen von 3500 bis 5500 m erreicht. In diesen Teufenbereichen schwankt die Abweichung von 4 bis 6% zwischen Gleichung und Graphik bzw. Istwerten von drei Bohrungen. Die Aufgabe bestand nunmehr darin, den Wahrheitsgehalt obiger Aussage durch weitere Istwerte zu überprüfen. Deshalb wurden in die Graphik noch 22 Istwerte von Forschungsbohrungen nachgetragen, die erst in den Jahren 1972 bis 1976 die Endteufen erreichten bzw. die Testarbeiten abgeschlossen hatten. Das Kosten-Endteufen-Verhalten dieser Bohrungen beweist insbesondere in den Teufenbereichen von 2000 bis 6000 m im wesentlichen den Parabelverlauf der Kosten-Teufen-Kurve. Unter Berücksichtigung einer ständigen Senkung der Selbstkosten werden Kurve und Gleichung annähernd bestätigt.
Prinzipiell läßt sich schlußfolgern, daß sich die Gesamtkosten für eine Bohrung in einer gesetzmäßigen Abhängigkeit zur Endteufe dieser Bohrung befinden und entwickeln. Diese Gesetzmäßigkeit läßt sich mathematisch in der Gleichung $k = at^2 + bt$ und graphisch als Parabel darstellen. Diese Erkenntnis ist von großer Bedeutung für die Bestimmung von Planungsnormativen des Aufwands für Bohrungen, für die Bestimmung und Festlegung von Preisen für Bohrungen und für Trendberechnungen für die Kosten von Bohrungen bisher nicht erreichter Teufen und damit für die langfristige Aufwandsbestimmung.
Da die den Berechnungen zugrunde gelegten Werte hauptsächlich Forschungs- bzw. regionalen Suchbohrungen entnommen wurden, haben Gleichung und Kurve nur einen Durchschnittswert für Bohrungen dieser Kategorie. Durch eine gleiche Methode bzw. durch entsprechende Abschläge auf der Grundlage von Erfahrungswerten kann aber auch der durchschnittliche Aufwand für Erkundungs- und Produktionsbohrungen bestimmt werden. Der Charakter der Verhaltensweise zwischen Kosten und Endteufe verändert sich nicht, wie praktische Beispiele zeigen.

Schlußfolgerungen

1. Die Gesamtkosten für eine Bohrung entwickeln sich in gesetzmäßiger Abhängigkeit von der Erdteufe dieser Bohrung. Diese Gesetzmäßigkeit läßt sich mathematisch durch die Gleichung $k = at^2 + bt$ und graphisch als Parabel darstellen.

2. Für Bohrungen in bisher nicht erreichte Teufen lassen sich daraus Aufwandsnormative entwickeln, die der langfristigen Planung der Aufwendungen zugrunde gelegt werden können. Für die praktische Arbeit wurde eine entsprechende Tabelle entwickelt.

3. Für die Produktions- und Leistungsplanung sollten auf der oben genannten Grundlage entsprechende Planungsnormative geschaffen und der Fünfjahrplan sowie die Jahresplanung verbindlich zugrunde gelegt werden.

4. Bei der langfristigen Preisarbeit, insbesondere bei der Vervollkommnung des Preissystems für Bohrungen im Fünfjahrplan 1976 bis 1980, sollen oben genannte Erkenntnisse, insbesondere für Bohrungen mit Endteufen über 5500 m, genutzt werden.

5. Unter Berücksichtigung der ständigen Senkung der Selbstkosten muß im Ergebnis von Analysen die Aufwandsnormativtabelle präzisiert werden.

Zusammenfassung

Vorliegende Arbeit befaßt sich mit dem Kostenverhalten von Erdöl-Erdgas-Bohrungen in Abhängigkeit von der Endteufe. Auf der Grundlage von Ergebnissen der Jahre 1970 bis 1976 wird graphisch und mathematisch ein gesetzmäßiger Zusammenhang nachgewiesen, der sich in der Parabelfunktion $k = at^2 + bt$ ausdrückt. Es werden Schlußfolgerungen hinsichtlich zukünftiger Preis- und Aufwandsnormativarbeit sowie langfristiger Trends der Aufwendungen für Bohrungen bisher nicht erreichter Teufen gezogen.

Резюме

Данная работа занимается с поведением стоймости скважин на нефть и газ в зависимости от конечной глубины. На основе результатов от 1970 до 1976 гг. графически и математически доказывается закономерная связь, выражающаяся в параболной функции $к = ам^2 + бм$. Делаются заключения ввиду будущих работ норматива цен и затрата как и долгосрочных направлений затрат для скважин с до сих пор еще не достигнутых глубин.

Summary

The present paper deals with the cost behaviour of oil and gas wells as dependent on the final depth. On the basis of results obtained from 1970 to 1976 a regular connection is demonstrated graphically and mathematically, which is expressed in the parabolic function $k = at^2 + bt$. Conclusions are drawn in view of future basic regulations concerning prices and expenses, informing on long-term trends of expenses for drilling depths so far not attained.

Zur Ökonomie mineralischer Rohstoffe

Ergebnisse der Forschung an der Sektion Sozialistische Betriebswirtschaft der Bergakademie Freiberg[1])

BACHMANN, H., Freiberg (Sa.)

Seit $1^1/_2$ Jahren ist die Forschungsarbeit der gesellschaftswissenschaftlichen Einrichtungen der Bergakademie verstärkt auf die Lösung von ökonomischen Problemen der Mineralrohstoffwirtschaft gerichtet. Mit den folgenden Ausführungen ist beabsichtigt, in gedrängter Form einen Überblick über einige der bisher durchgeführte Arbeiten und die erzielten Ergebnisse zu geben. Es werden drei Fragenkomplexe behandelt:

1. Welche wissenschaftlich-theoretischen und praktischen Ziele werden mit der Forschungsarbeit verfolgt?

2. Wie ist die Durchführung der Arbeit vor allem hinsichtlich des Zusammenwirkens von Gesellschaftswissenschaftlern, Naturwissenschaftlern und Ingenieurwissenschaftlern sowie mit der Wirtschaftspraxis organisiert?

3. Welche Ergebnisse wurden bisher erzielt und in welcher Richtung werden die Arbeiten weitergeführt?

Zu Zielen und zur Aufgabenstellung der Forschungsarbeiten

Entsprechend den Beschlüssen von Partei- und Staatsführung zur umfassenden Nutzung einheimischer mineralischer Rohstoffe und zur langfristigen Sicherung der Rohstoffversorgung der Volkswirtschaft liegen die Schwerpunkte der Forschungsaktivitäten zur Ökonomie der Suche, Erkundung und Nutzung von Lagerstätten und des Einsatzes mineralischer Rohstoffe in der Volkswirtschaft auf folgenden drei Gebieten:

1. Analyse der Stellung mineralischer Rohstoffe im volkswirtschaftlichen Reproduktionsprozeß. Der Wirkungsmechanismus und die Erscheinungsformen der ökonomischen Gesetze des Sozialismus in der Mineralrohstoffwirtschaft sind zu analysieren und Schlußfolgerungen für ihre Einordnung in die Leitung und Planung der Volkswirtschaft abzuleiten. Außerdem ist die Mineralrohstoffwirtschaft ausgewählter Länder und Ländergruppen zu analysieren.

2. Vervollkommnung der Leitung, Planung und ökonomischen Stimulierung geologischer Untersuchungsarbeiten.

3. Lösung lagerstättenwirtschaftlicher Probleme bei der Nutzung von einheimischen Lagerstätten fester mineralischer Rohstoffe.

Während im ersten Komplex die Analyse volkswirtschaftlicher und ökonomisch-statistischer Zusammenhänge im Vordergrund steht, ist es das Ziel der beiden anderen Arbeitsrichtungen, in geologisch-ökonomische und bergbauökonomische Zusammenhänge theoretisch einzudringen und daraus rohstoff- und objektbezogen praktisch nutzbare Schlußfolgerungen und Methoden abzuleiten.
Diese Aufgabenstellung wurde aus den Beschlüssen unserer Partei zur Rohstoffpolitik abgeleitet und enthält solche Einzelaufgaben aus den Problemkatalogen der zuständigen zentralen und wirtschaftsleitenden Organen, vor allem des Ministeriums für Geologie, deren Bearbeitung dem wissenschaftlichen Profil der Sektion Sozialistische Betriebswirtschaft entspricht und die mit den wissenschaftlichen und praktischen Erfahrungen der beteiligten Mitarbeiter mit Aussicht auf eine erfolgreiche Lösung in Angriff genommen werden konnten. Der Forschungsplan ist für einen längeren Zeitraum konzipiert und zunächst bis 1980 durch konkrete Einzel- und Teilthemen untersetzt. Die Forschungsergebnisse sollen unmittelbar und kontinuierlich in die Aus- und Weiterbildung an der Hochschule einfließen. Die Forschungskonzeption wurde mit den wichtigsten Kooperationspartnern an der Bergakademie, der Industrie und Instituten der Akademie der Wissenschaften abgestimmt und vor dem Ministerium für Geologie als dem gesellschaftlichen Auftraggeber verteidigt.

Einige wissenschaftsorganisatorische Bemerkungen zur Durchführung der Forschungsarbeit

Die Erkenntnis, daß für die komplexe Bearbeitung der Forschungsproblematik und für die Praxiswirksamkeit ihrer Lösungen in allen Phasen die interdisziplinäre Zusammenarbeit von Ökonomen, Geologen, Bergleuten und Aufbereitern und die enge Kooperation mit der Industrie unerläßlich sind, hat von Beginn an zu vielfältigen und fruchtbaren Arbeitsbeziehungen

---

Eingang des Manuskripts in der Redaktion: 3. 12. 1976.
[1]) Vortrag zum XII. Ingenieurökonomischen Kolloquium am 25. 11. 1976 in Freiberg

zu den Sektionen Marxismus-Leninismus, Geowissenschaften und Geotechnik/Bergbau unserer Hochschule, zu zahlreichen Betrieben und Instituten der Industrie sowie zu wirtschaftswissenschaftlichen und ingenieurwissenschaftlichen Einrichtungen der Akademie der Wissenschaften der DDR geführt. Von großem Nutzen für den Fortgang der Arbeiten waren und sind die Verbindungen zu Partnereinrichtungen in sozialistischen Ländern, so zu dem Institut für geologische Erkundung in Moskau, der Akademie für Bergbau und Hüttenwesen Kraków und den zentralen staatlichen Organen für geologische Erkundung und Lagerstättenwirtschaft in Prag und Budapest. Die ständige und enge Verbindung zu den Bereichen Ökonomie und Lagerstättenwirtschaft des Ministeriums für Geologie und des Zentralen Geologischen Instituts sowie die Mitarbeit an entsprechenden Aufgaben im Rahmen der Ständigen Kommission Geologie des Rates für Gegenseitige Wirtschaftshilfe versetzt uns in die Lage, die Forschungsarbeit auf die zentrale staatliche Aufgabenstellung und volkswirtschaftliche Schwerpunkte auszurichten, ihre Ergebnisse in der Wirtschaftspraxis zu überprüfen und auch international zur Diskussion zu stellen.

Außerordentlich wertvoll und unerläßlich für die Bearbeitung des doch recht breit gefächerten Problemkreises ist die Mitarbeit unserer Studenten und Aspiranten. Bisher sind durch über 100 wissenschaftliche Arbeiten, vor allem durch Studien- und Diplomarbeiten der Direkt- und Fernstudenten der Sektion SBW, durch Abschlußarbeiten im postgradualen Studium „Rohstoffbewertung" und durch Dissertationen von Fachkollegen aus der Wirtschaftspraxis wissenschaftlich sehr interessante Einzelerkenntnisse in die Forschungsarbeit eingeflossen. Im wissenschaftlichen Studentenwettstreit und durch andere Formen konnten mehrere Arbeiten entsprechend gewürdigt werden.

Aus der bisherigen Durchführung der Forschungsarbeit können einige wissenschaftsorganisatorische Erfahrungen und Schlußfolgerungen abgeleitet werden, die zwar nicht grundsätzlich neu sind, für die wirtschaftswissenschaftliche Hochschulforschung aber doch erwähnenswert scheinen.

1. Bei der Auswahl und Planung der Einzelthemen ist der hochschulspezifische Umstand zu berücksichtigen, daß sich die Bearbeitung eines Themas in der Regel nicht mit einer Diplomarbeit erschöpft und die Bearbeitungszeit im Rahmen aller sonstigen Aufgaben der Hochschullehrer und wissenschaftlichen Mitarbeiter sowie als Bestandteil ihrer wissenschaftlichen Qualifizierung meist mehrere Jahre beträgt. Die parallele Bearbeitung verschiedener Einzelthemen über einen längeren Zeitraum ist nicht zu umgehen. Der Konzentration der Forschungsarbeit sind daher im Vergleich zur Industrie und Institutsforschung Grenzen gesetzt. Eilaufträge sind aus diesen Gründen für die Hochschulforschung wenig geeignet.

2. Es ist nicht immer möglich, sämtliche studentische Abschlußarbeiten und Dissertationen außerplanmäßiger Aspiranten ausschließlich auf ein ganz spezifisches Forschungsthema anzusetzen, da die späteren Einsatzbereiche und die betrieblichen Problemstellungen von Studenten bzw. Aspiranten in deren Interesse Berücksichtigung finden müssen. Eine bisweilen breite Auffächerung der Forschung und die Berücksichtigung betrieblicher Belange müssen repsektiert werden.

3. Die enge Verknüpfung der Forschung mit der Qualifizierung der Lehre ist durchgängig zu sichern. Dadurch wird auch der für eine Hochschule lebensnotwendige Anteil an Grundlagenforschung gewährleistet, ohne den der wissenschaftliche Vorlauf und schließlich auch die langfristige Praxiswirksamkeit gefährdet sind.

Zu ausgewählten Forschungsergebnissen

Komplex: Untersuchungen zur Stellung mineralischer Rohstoffe im volkswirtschaftlichen Reproduktionsprozeß und in der Weltwirtschaft

Die Erkenntnis, daß die Verfügbarkeit einer ständig wachsenden Menge mineralischer Rohstoffe in immer breiterem Sortiment eine unerläßliche Voraussetzung für das Wachstum einer Volkswirtschaft ist, der tendenziell steigende Aufwand zur Bereitstellung der Rohstoffe aus primären Eigenaufkommen sowie die im Durchschnitt beachtliche Steigerung ihrer Weltmarktpreise erfordern unter anderem auch ein tieferes Eindringen in rohstoffwirtschaftliche Gegebenheiten und Zusammenhänge. In der Mineralrohstoffwirtschaft kreuzen sich vielfältige geologische, technisch-technologische und ökonomische Fragen. Ihre theoretisch fundierte Beantwortung ist für langfristig orientierte wirtschaftspolitische Entscheidungen von Bedeutung. Über einige ausgewählte Untersuchungen wird hier berichtet.

1. Ein analytischer Vergleich nationaler und internationaler montanstatistischer Angaben

in den amtlichen statistischen Jahrbüchern der DDR, des RGW, der UNO, der BRD und in speziellen Bergbaustatistiken der USA lassen sich große Unterschiede in Gliederung, Umfang und Tiefe der rohstoffbezogenen Aussagen erkennen. Im Statistischen Jahrbuch der DDR sind vergleichsweise weniger Daten in Natural- oder Wertausdruck über die bergbauliche Rohförderung und Mineralprodukte enthalten als in den anderen genannten Veröffentlichungen. Natürlich wird im Interesse des sozialistischen Staates über bestimmte Mineralrohstoffe nicht in Zahlen berichtet werden können. Selbst wenn man diesen Umstand und die Tatsache berücksichtigt, daß die für den RGW und die DDR veröffentlichte Wirtschaftsstatistik in ihren inhaltlichen Aussagen und in der gebräuchlichen Systematik nicht mit der kapitalistischer Länder verglichen werden kann, besitzt das Statistische Jahrbuch der DDR hinsichtlich rohstoffstatistischer Informationen nur eingeschränkte Aussagekraft. Das gilt sowohl für die Inlandsproduktion, als auch für den Export/Import und für den Verbrauch mineralischer Rohstoffe. Tab. 1 zeigt für verschiedene amtliche Statistiken mit der ersten Zahl die Anzahl mineralischer Rohstoffe, für die die Inlandsproduktion und mit der zweiten Zahl die Anzahl mineralischer Rohstoffe, für die die Weltproduktion (z. T. geschätzt) nach Ländern angegeben wird.

Eine Ursache für den geringen rohstoffwirtschaftlichen Informationsgehalt des Statistischen Jahrbuchs der DDR ist darin zu sehen, daß der Industriezweig „Bergbau" nicht mehr explizit erscheint. Seit 1967/68 liegt unserer Wirtschaftsstatistik eine Betriebssystematik zugrunde, die weitgehend mit der RGW-Statistik vergleichbar ist. Der Industriezweig Bergbau wurde in der Statistik aufgelöst. „In ihm waren die Betriebe zusammengefaßt, die Ausgangsmaterialien für verschiedene Zweige der Industrie lieferten, wie Steinkohlenwerke- und -kokereien, Braunkohlenwerke, -kokereien und -brikettfabriken, der Eisenerzbergbau, Buntmetallerzbergbau, Kali- und Steinsalzgewinnungsbetriebe mit Ausnahme der Betriebe für die Steine- und Erdengewinnung. In der praktischen Arbeit

Tab. 1. Anzahl mineralischer Rohstoffe, über deren Produktion in verschiedenen amtlichen Wirtschaftsstatistiken periodisch berichtet wird (FUSS 1976)

Statist. Quelle	Brennstoffe	Metalle	Nichtmetalle
Stat. Jahrbuch DDR	1/4	1/1	16/4
Stat. Jahrbuch RGW	5/—	1/—	5/—
Wirtschaftsstat. Jahrbuch BRD	6/4	1/10	20/4
Statist. Yearbook UNO	—/5	—/18	—/6
Minerals Yearbook USA	7/7	49/49	48/48

Erste Zahl: Inlandproduktion
Zweite Zahl: Weltproduktion nach Ländern

und in der Planung wurde dieser Industriezweig Bergbau schon längere Zeit aufgeteilt. Es zeigte sich, daß das gemeinsame bergbauliche Gewinnungsprinzip nicht mehr entscheidend für die Zuordnung zu einem Industriezweig sein konnte" (HAAKE 1966).

Zweifellos enstpricht diese seit 10 Jahren gültige Betriebssystematik besser den volkswirtschaftlichen Proportionen und ist mit ihrer wesentlich tieferen Gliederung der verarbeitenden Industrie Ausdruck der sich vertiefenden gesellschaftlichen Arbeitsteilung. Natürlich kann das Statistische Jahrbuch nicht über alle einzelnen Bereiche der Volkswirtschaft umfassend und detailliert informieren. Das widerspräche seinem Informationsziel. Im Mittelpunkt der Wirtschaftsstatistik müssen selbstverständlich stark aggregierte Darstellungen stehen, die allgemeine Entwicklungstendenzen und Ergebnisse wirtschaftsstatistischer Maßnahmen erkennen lassen. Es dient Analysen auf volkswirtschaftlicher Ebene und ist kein Instrument operativer Planung. Für die Befriedigung des Informationsbedürfnisses der Rohstoffwirtschaft erwachsen daraus jedoch zugleich Nachteile. Solange es in der DDR keine Fachstatistik für Rohstoffe und Bergbau gibt, sind zunächst mit den gegebenen Möglichkeiten geeignete Darstellungsformen zu finden, um rohstoffwirtschaftliche Belange stärker in das Gesichtsfeld auf allen Leitungs- und Planungsebenen zu rücken.

Welche Möglichkeiten bieten sich dafür an?

— Ohne Veränderung der Betriebssystematik der DDR, also der statistischen Grundgliederung der Produktion ist es durch streckenweise Detaillierung bis zu den Industriegruppen als den kleinsten Einheiten der Betriebssystematik möglich, die Produktion einzelner mineralischer Rohstoffe gesondert auszuweisen. Die Aussagefähigkeit zu bergbau- und rohstoffspezifischen Fragen könnte dadurch erhöht werden.

— Unabhängig von den an verschiedenen Stellen der Volkswirtschaft durchgeführten speziellen statistischen Untersuchungen auf dem Gebiet der Energiewirtschaft sollten im Statistischen Jahrbuch die internationale Vergleichbarkeit energiewirtschaftlicher Angaben durch einheitliche Bezugsbasis und durch Daten zu sämtlichen Gebrauchsenergieträgern erhöht werden. Neben den vorhandenen Teildarstellungen, insbesondere zur Elektroenergieerzeugung, wäre diesem Ziel auch die Darstellung der Entwicklung der gesamten Rohenergiestruktur, bezogen auf alle Gebrauchsenergieträger, dienlich. In internationalen Statistiken ist zur Vergleichbarkeit der Energieträger die Angabe in Tonnen Steinkohleneinheiten üblich. Internationale Vergleiche werden dadurch wesentlich erleichtert, obgleich diese Maßeinheit nicht dem seit 1968 beschlossenen Einheitssystem (SI) entspricht.

— Bisher wird in unserer Wirtschaftsstatistik nur ungenügend ausgewiesen, wie die volkswirtschaftlich zwingende Notwendigkeit der Senkung der Rohstoffintensität des Nationaleinkommens verwirklicht wird. Die planmäßige Verringerung des spezifischen Rohstoffeinsatzes, die Nutzung von Sekundärrohstoffen, Senkung der Wandlungsverluste in der Energiewirtschaft und die Rohstoffsubstitution sind Schwerpunkte der Rohstoffökonomie, die in wirtschaftsstatistischen Angaben stärkere Beachtung finden sollten. Gegenwärtig vermißt man, von wenigen Ausnahmen abgesehen, solche zusammenfassenden Angaben über die Rohstoffintensität unserer Volkswirtschaft im Statistischen Jahrbuch. Für ausgewählte mineralische Rohstoffe könnte das z. B. durch eine vergleichende Kennziffer des Wachstums der zum Inlandsverbrauch zur Verfügung gestellten Rohstoffmengen mit dem Wachstum der Produktion ausgewählter Verarbeitungsprodukte erfolgen. In Voruntersuchungen müßten hierzu die Art und Anzahl der in die Berechnung einzubeziehenden Rohstoffe und repräsentative Auswahl der zum Vergleich heranzuziehenden Verarbeitungsprodukte vorgenommen werden sowie die Preisangaben der unterschiedlichen Preisbasen für Inland und Export aus RGW- und NSW-Ländern vergleichbar gemacht werden.

2. Die Untersuchungen über den Einsatz ausgewählter mineralischer Rohstoffe

(Glassand, Flußspat, Tone, Feldspat, Borrohstoffe) in der Volkswirtschaft lassen erkennen, daß die verbrauchenden Zweige und Betriebe nicht immer ausreichend über Qualitäten und Einsatzmöglichkeiten einheimischer Rohstoffe informiert sind. In einigen Fällen werden Importforderungen nach Rohstoffen gestellt und auch realisiert, an deren Stelle auch der Einsatz einheimischer Rohstoffe ohne weiteres oder nach nur geringen technologischen Anpassungsmaßnahmen möglich ist. Oft wirken sich hier durch Tradition bedingte, bei näherer Überprüfung aber nicht haltbare Qualitätsforderungen hemmend aus.

Der volkswirtschaftlich optimale Einsatz von Rohstoffen wird in einigen Fällen auch dadurch erschwert, daß den Gewinnungsbetrieben für bestimmte technisch-organisatorische Maßnahmen, z. B. für die Einrichtung von Fertigproduktlagern, Homogenisierungsmaßnahmen u. ä., zwar zusätzliche Aufwendungen, dafür aber kein Äquivalent im Betriebsergebnis durch höhere Erlöse entstehen. Volkswirtschaftlich effektive Maßnahmen werden so nicht immer ausreichend durch ökonomische Regelungen unterstützt, die auch den betrieblichen Interessen entsprechen.

Neben der bewußten, auf die umfassende und effektive Nutzung unserer einheimischen Ressourcen gerichteten Einstellung der Wirtschaftsleiter und ihrer Entscheidungen wird zur Sicherung des volkswirtschaftlich optimalen Einsatzes der Rohstoffe auch ihre Bilanzierung vervollkommnet werden müssen. Die Planung des Bedarfs, der Aufkommensentwicklung und der Verwendung mineralischer Rohstoffe wird in den Fällen auf den Ebenen der SPK und der Industrieministerien zentralisiert werden müssen, wo ein hoher Verflechtungsgrad, die volkswirtschaftliche Bedeutung eines Rohstoffs, seine Stellung im Außenhandel und die enge Verkettung von geologischer Erkundung, Gewinnung, Aufbereitung, Transport und Verarbeitung langfristig geplante, komplexe Lösungen erfordern.

3. Mehrere Einzeluntersuchungen haben sich mit der Entwicklung der Lagerstättenvorräte und der Produktion ausgewählter mineralischer Rohstoffe

befaßt. Für die Rohstoffe Blei, Zink, Zinn, Kupfer, Nickel, Wolfram, Mangan, Kobalt, Flußspat, Kohle, Erdöl und Erdgas wurde aus der zugänglichen Literatur die Entwicklung der geologischen Lagerstättenreserven für den Zeitraum 1950 bis 1974 relativ vollständig und von 1950 zurück bis Anfang der 20er Jahre teilweise analysiert. Die Angaben umfassen bei der Mehrzahl der Rohstoffe die nichtsozialistischen Länder: bei einigen Rohstoffen auch den Weltmaßstab (Studienarbeiten FRÖHLICH, WACHS und WANDEL, Bergakademie 1976).

Trotz der vorauszusehenden Schwierigkeiten des Vergleichs von Vorratsangaben unterschiedlicher Quellen hinsichtlich des Erkundungsgrads und ihrer Zuverlässigkeit, — subjektive und manipulierte Angaben durch Interessengruppen der kapitalistischen Wirtschaft sind mit Sicherheit nicht auszuschließen — können folgende Feststellungen als signifikant betrachtet werden.

— Die nachgewiesenen Lagerstättenvorräte haben sich in den vergangenen 25 Jahren bei Blei, Zink, Kupfer, Kobalt, Flußspat und Kohle auf das 2 bis 3fache, bei Erdöl, Erdgas, Zinn, Wolfram und Mangan auf das 3 bis 8fache erhöht. Die Vorlaufdauer der Lagerstättenvorräte in Jahren konnte trotz des erheblich angewachsenen Produktionsumfangs gehalten, bei der Mehrzahl der Rohstoffe sogar erhöht werden. Unter den kapitalistischen Ländern ist ein außerordentlich

Tab. 2. Anzahl der Förderländer, Hauptproduzenten und absolute Konzentration der Bergbauproduktion ausgewählter mineralischer Rohstoffe

Rohstoff	Anzahl der Förderländer		Hauptförderländer		Anteil d. Hauptförderländer (70% der Weltproduktion) an Förderländern insgesamt	
	1950	1970	1950	1970	1950	1970
Erdöl	47	62	USA Venezuela	USA, UdSSR Iran, Saudi-Arabien, Libyen Venezuela	4,2	9,7
Steinkohle	56	54	USA, UdSSR Großbritannien	USA, UdSSR China, Polen BRD	7,3	11,1
Kupfer	38	43	USA, Chile Sambia, Kanada	USA, UdSSR Chile, Sambia Kanada	10,5	11,6
Zinn	23	26	Malaysia Indonesien Bolivien	Malaysia Bolivien UdSSR, China Thailand	13,0	19,2
Flußspat	23	30	USA, BRD Mexiko, Kanada Großbritannien	Mexiko, UdSSR Frankreich Spanien, China, USA, Großbritannien, Italien	21,7	26,6

hoher Vorratszuwachs vor allem in Australien, Kanada und Brasilien zu verzeichnen. Diese Entwicklung ist Folge und Anlaß zugleich dafür, daß sich in diesen Ländern die Aktivitäten multinationaler Konzerne und imperialistischer Staaten um Auslandsinvestitionen und langfristige Lieferverträge für Rohstoffe konzentrieren.

4. Interessante Ergebnisse zur Stellung mineralischer Rohstoffe in der Weltwirtschaft ergaben auch die Untersuchungen zur Entwicklung der Konzentration der Produktion ausgewählter Rohstoffe

(Erdöl, Steinkohle, Flußspat sowie Kupfer und Zinn aus Bergwerksproduktion). Sie haben die Aussagen zur Vorratsentwicklung bestätigt und erbrachten für den Zeitraum 1950 bis 1970 zusammengefaßt folgende Erkenntnisse.

— Die Produktion der genannten Rohstoffe ist durch eine hohe relative und absolute Konzentration gekennzeichnet. Am stärksten ist die Produktionskonzentration nach Förderländern bei Erdöl und Steinkohle entwickelt (Konzentrationsmaß nach LORENZ für 1970 87% bzw. 92%.) Am relativ niedrigsten ist die Produktionskonzentration bei Zinn und Flußspat (entsprechende Konzentrationsmaße 81,5 bzw. 79,3%).

— Im Zeitraum von 1950 bis 1970 ist in der absoluten Konzentration ein leichter Rückgang festzustellen. Die Anzahl der Förderländer der meisten Rohstoffe zeigt einen leichten Anstieg; ebenso hat sich die Anzahl der Hauptförderländer erhöht (s. Tab. 2). Als Hauptförderländer werden im statistischen Sinn jene bezeichnet, die in der Summe nach absinkender Produktionshöhe 70% der Weltproduktion eines Primärrohstoffes erbringen. Eine quantitative Kennzahl für die absolute Konzentration ist vereinbarungsgemäß der Anteil jener Objekte am Gesamtumfang der Objekte, die nach abnehmendem Betrag 70% der Merkmalssumme auf sich vereinigen (concentration ratio).

Die Anzahl der Förderländer ist am größten bei Erdöl, zugleich weist die Erdölproduktion auch die höhchste absolute Konzentration auf. Es folgt mit geringem Abstand in der Anzahl der Förderländer und in der Produktionskonzentration die Steinkohle. Bei Zinn und Flußspat hat sich die Anzahl der fördernden Länder beachtlich erhöht.

5. Mineralrohstoffpolitik der imperialistischen Staaten Kampf der Entwicklungsländer um die Souveränität über ihre Naturreichtümer

Einige Ergebnisse wurden bereits veröffentlicht (BACHMANN 1975; LEISTIKOW 1976). Es wurde gezeigt, daß die neue Situation im Kräfteverhältnis zwischen Imperialismus und Entwicklungsländern u. a. auch maßgeblich durch den Verlust von Rohstoffördermonopolen durch internationale Konzerne gekennzeichnet ist. Auf dem Erdölsektor hatte dieser Prozeß die weitreichendsten Ergebnisse. Was den NE-Metallsektor betrifft, äußert er sich in unterschiedlicher Form:

— durch Änderung der den internationalen Bergbaumonopolen abgerungenen Gewinnbeteiligungen sowie Einführung zusätzlicher Steuern (Sierra Leone, Sambia, Jamaika, Guayana, Haiti);

— durch Vertretung der Regierungen der Rohstoffländer in den Aufsichtsorganen der Bergbaugesellschaften (Mauretanien, Sierra Leone, Peru, Sambia);

— durch Schaffung eines staatlichen Monopols der Entwicklungsländer über bestimmte Dienstleistungen wie Verkehr und Versicherung, Außenhandel und einzelne Banken (Uganda, Tansania, Peru);

— durch Kontrollmaßnahmen des Staates bei internationalen Bergbaugesellschaften (Peru, Mexiko, Sambia, Uganda, Guinea, Zaire);

— durch Nationalisierung des Auslandskapitals mit oder ohne Entschädigung, Rücknahme von Konzessionen u. ä.

Diese Maßnahmen im nationalstaatlichen Rahmen werden ergänzt durch Zusammenschluß rohstoffexportierender Entwicklungsländer und ihr koordiniertes Vorgehen im Rahmen internationaler Rohstoffabkommen. Diese Vereinbarungen sind mit Forderungen nach gerechten und stabilen Preisen für die Exportrohstoffe und nach der Beseitigung jeglicher Diskriminierung im Handel mit den entwickelten kapitalistischen Ländern verbunden.

Das alles sind Anzeichen dafür, daß sich die politische Handlungsfähigkeit der Entwicklungsländer im Kampf gegen die internationalen Monopole erhöht hat, ohne daß heute bereits von einer einheitlichen Mineralrohstoffpolitik dieser Länder gesprochen werden kann.

6. Außer den vorstehend genannten sind im ersten Forschungskomplex weitere Fragen ausgearbeitet worden,

aus deren Beantwortung sich Erkenntnisse und Empfehlungen für die Leitung und Planung der Sicherung der Rohstoffversorgung ableiten lassen. An dieser Stelle kann nur stichwortartig auf diese Problemkreise eingegangen werden. Das betrifft

- die Koordinierung und Organisation der wissenschaftlichen Forschung in der Kette Geologische Erkundung — Gewinnung — Aufbereitung — Verarbeitung und Einsatz mineralischer Rohstoffe;
- die wissenschaftlich-technische und Produktionskooperation mit RGW-Ländern und Entwicklungsländern bei der Sicherung der Rohstoffversorgung der Volkswirtschaft der DDR.
- Vom Forschungsinstitut für Aufbereitung als einem Kooperationspartner unserer Forschung wurde eine umfangreiche Studie über Stellung und Entwicklungstendenzen von Bedarf, Produktion und Einsatz von Flußspat erarbeitet;
- es wurde ein wesentlicher Forschungsbeitrag zur Abhängigkeit des Rohstoffbedarfs von der Art und dem Grad der zwischenzweiglichen Verflechtung erarbeitet (SEIDELMANN 1975.)

Komplex: Ökonomie der geologischen Untersuchungsarbeiten

Diese Untersuchungen sind auf das Ziel gerichtet, durch theoretische Erkenntnisse und schlußfolgernd aus komplexen ökonomischen Analysen zur Vervollkommnung der Leitung, Planung und ökonomischen Stimulierung geologischer Untersuchungsarbeiten beizutragen. Ausgangspunkt sind die Konzeption und Maßnahmen des Ministeriums für Geologie, unter Nutzung der umfangreichen Erfahrungen der UdSSR und der Erkundungsbetriebe der DDR die geologische Aufgabenstellung in den Mittelpunkt der Leitung und Planung zu rücken und die Erfüllung der volkswirtschaftlichen Hauptaufgabe dieses Zweigs, die in der bedarfsgerechten Bereitstellung von Lagerstättenvorräten besteht, zum Hauptkriterium für die Beurteilung der Tätigkeit der Erkundungsbetriebe zu machen.

Die Grundsätze lauten: Nicht der Umfang an technischen Untersuchungsleistungen, ausgedrückt als nichtindustrielle Warenproduktion und daraus abgeleitete Kennziffern für Arbeitsproduktivität, Gewinn usw., kennzeichnen die Effektivität geologischer Erkundungsarbeiten, sondern die termin-, qualitäts- und sortimentsgerechte Bereitstellung von Lagerstättenvorräten mit einem möglichst geringen spezifischen Erkundungsaufwand. Im Rahmen der Einführung und Durchsetzung der neuen ökonomischen Regelungen ergeben sich zahlreiche theoretische und praktische Probleme, z. B. für die Gestaltung der wirtschaftlichen Rechnungsführung in den Erkundungsbetrieben, für die Durchführung und Begutachtung der Projekte geologischer Untersuchungsarbeiten, die in der Leistungsbewertung der Erkundungsbetriebe eine zentrale Rolle spielen, zu Fragen der Finanzierung und Rechnungslegung für Erkundungsarbeiten u. ä.

In Zusammenarbeit mit der ökonomischen Forschungsgruppe des Zentralen Geologischen Instituts haben wir uns neben der theoretischen Durchdringung von Grundfragen der Effektivität geologischer Erkundungsarbeiten vor allem auf die ökonomische Analyse durchgeführter Erkundungsarbeiten in den Mineralgebieten Braunkohle sowie Sand und Kies orientiert.
Die theoretische Arbeit konzentrierte sich auf die Klärung des Wesens der ökonomischen Effektivität geologischer Erkundungsarbeiten. Hierzu liegen Ausarbeitungen vor, die die Effektivitätsproblematik vor allem aus politökonomischer Sicht behandeln und Empfehlungen für ihre Einordnung in das volkswirtschaftliche Planungssystem abzuleiten gestatten (SANDIG 1977).
Umfangreiche ökonomische Analysen durchgeführter Erkundungsarbeiten auf Braunkohle (RICHTER 1975) und Steine und Erden, besonders auf Sand- und Kieslagerstätten (EICHNER, R. 1975) sowie mehrere Diplom- und Studienarbeiten haben interessante Zusammenhänge der Leistungs- und Kostenstruktur, der zeitlichen Aufwandsverteilung und von Projektabweichungen aufgeklärt. Ihre Berücksichtigung bei der Planung, Abrechnung und Leistungsbewertung künftiger Erkundungsobjekte kann wesentlich zur Vervollkommnung ihrer Planung und ökonomischen Stimulierung beitragen. In bestimmter Hinsicht muß die Weiterführung solcher Analysen sogar als eine Bedingung sine qua non für das Funktionieren der neuen ökonomischen Regelungen betrachtet werden.
Auf eine detaillierte Wiedergabe der zahlenmäßigen Ergebnisse muß hier verzichtet werden. In der weiteren Arbeit wird vor allem versucht, den Einfluß der wesentlichen natürlichen und technischen Bedingungen auf die Erkundungsergebnisse in der Braunkohlen- und Baustoffmaterialerkundung mit dem Ziel zu quantifizieren, Kostenfunktionen zu ermitteln und schließlich zu Kostennormativen zu gelangen. Ansatzpunkte hierzu hat u. a. EICHNER in seiner Dissertation (EICHNER 1975) gegeben, in der für 25 Steine und Erden-Objekte die Abhängigkeit des Erkundungsaufwands für einzelne Leistungsarten — bewertet zu Preisen — von der Anzahl der Bohrmeter eines Objekts durch Regressionsfunktionen erfaßt wurde (s. Tab. 3).

Die mit einer Ausnahme recht hohen Korrelationskoeffizienten rechtfertigen weitere Untersuchungen in dieser Richtung und ihre Verwendung bei der Objektplanung. Bemerkenswert ist auch, daß bei den untersuchten Objekten kein gesicherter Zusammenhang zwischen Bohrmeterumfang und erkundeter Vorratsmenge nachzuweisen war. Da 50—60% des gesamten Erkundungsaufwands bei solchen Objekten auf Bohrleistungen entfallen, dürfte feststehen, daß für einzelne Objekte der spezifische Erkundungsaufwand in M/Tonne nachgewiesener Vorrat nicht als Planungskennziffer geeignet ist. Die Zweckmäßigkeit der statistischen Erfassung dieser Größe für Abrechnungs- und Vergleichszwecke bleibt davon unberührt.

Komplex: Lagerstättenwirtschaft fester mineralischer Rohstoffe

Bei diesen Untersuchungen geht es um die ökonomische Durchdringung ausgewählter lagerstättenwirtschaftlicher Probleme. Die Lagerstättenwirtschaft mineralischer Rohstoffe umfaßt die Gesamtheit der ökonomischen Bedingungen und Zusammenhänge, die bei der Abgrenzung von Lagerstättenvorräten und ihrer bergbaulichen Nutzung eine Rolle spielen. Ihr Kern ist die Betrachtung einer Lagerstätte als geologisch-ökonomische Kategorie. Die Untersuchungen zu zwei wichtigen Seiten dieses Komplexes

Tab. 3. Aufwandsgrößen in Abhängigkeit vom Bohrmeterumfang bei 25 Steine und Erden-Objekten

Zielgröße y	Bohrmeterumfang x	$y = bx + a$	Korrelationskoeffizient r
Zeitaufwand (h)	Bm	$y = 1{,}8x + 638$	0,85
Objekterlös (Werteinheiten)	Bm	$y = 0{,}3x + 24$	0,96
Geolog. Dokumentation (Erlös in Werteinh.)	Bm	$y = 0{,}04x + 13$	0,85
Analysenanzahl	Bm	$y = 0{,}1x + 18$	0,93
Vorratsmenge (Mengeneinheiten)	Bm	$y = 0{,}01x + 76$	0,07

sind Gegenstand in Kürze erscheinender Veröffentlichungen. Sie betreffen das Wesen und die Bestimmungsfaktoren des volkswirtschaftlich vertretbaren Aufwands bei der Nutzung von Lagerstätten (RÜTGER 1977) und die Anwendung betriebswirtschaftlicher Erkenntnisse und Methoden zur Begründung lagerstättenwirtschaftlicher Entscheidungen, insbesondere zur Ableitung von Abbaukonditionen (BACHMANN 1977).
Aus den Ergebnissen dieser Arbeiten können Kriterien und Vorschläge für die volkswirtschaftlich begründete Entscheidungsvorbereitung zum Aufschluß und zur Abbaukonzeption von Lagerstätten abgeleitet werden.

In Betrieben verschiedener Bergbauzweige wurden die Höhe der Vorratsverluste, die Methoden ihrer Erfassung und Kontrolle sowie die Ansätze ihrer ökonomischen Bewertung einschließlich der wissenschaftlich-technischen Maßnahmen zur Senkung der Vorratsverluste untersucht. Die Verlustproblematik war auch Gegenstand eines wissenschaftlichen Seminars, das von der Sektion Sozialistische Betriebswirtschaft in Zusammenarbeit mit der Abteilung Lagerstättenwirtschaft und Lagerstätteninspektion des Ministeriums für Geologie und dem Moskauer Institut für geologische Erkundung Anfang September 1976 in Freiberg durchgeführt wurde. Das große Echo, das die Thematik bei den Geologen, Bergleuten und Ökonomen der DDR, aber auch bei den Teilnehmern aus vier anderen sozialistischen Ländern fand, ist als Ausdruck der wissenschaftlichen Aktualität, und wie die Vorträge und die Diskussion zeigten, auch der Notwendigkeit der weiteren theoretischen und praktischen Durchdringung der damit verbundenen ökonomischen Probleme zu betrachten.

Die Schwerpunkte in der weiteren ökonomischen Forschung zur Unterstützung der verlustarmen Nutzung unserer Lagerstätten bestehen darin,

— auf der Grundlage der Lagerstättenwirtschaftsanordnung eine möglichst eindeutige, verursachungsgerechte und zwischen den Bergbauzweigen vergleichbare Klassifikation aller Arten von Vorratsverlusten zu schaffen;
— ein für die Leitung und Planung geeignetes Kennziffernsystem für die Erfassung, Kontrolle und Abrechnung von Vorratsverlusten abzuleiten und
— Methoden und Kriterien für die ökonomische Bewertung verlustsenkender Maßnahmen auszuarbeiten.

Erste Ergebnisse liegen zu ökonomischen Problemen der Gewinnung von Begleitrohstoffen, Sand, Kies und Tone, beim Abbau von Braunkohlenlagerstätten vor. In Zusammenarbeit mit Einrichtungen des Ministeriums für Bauwesen und Braunkohlenwerken erfolgte eine kritische Einschätzung der bisher vorliegenden und uns zugänglichen Kostenkalkulationen für ihre Gewinnung. Studien über die volkswirtschaftliche Einordnung und die dafür heranzuziehenden Kriterien lassen erste Schlußfolgerungen zu, die in abgewandelter Form auch für weitere ökonomische Untersuchungen zur Nutzung von Nebenkomponenten in den Lagerstätten Gültigkeit besitzen, deren Abbau bisher ausschließlich oder in erster Linie auf Grund der zu gewinnenden Hauptkomponente des Lagerstättenvorrats betrieben wurde. Wie festgestellt wurde, enthält das Problem der Gewinnung von Begleitrohstoffen und von Nebenkomponenten, zusammengefaßt als komplexe Nutzung zu bezeichnen, außer der technologischen Komponente zahlreiche ökonomische Fragen, die außer der Kostenrechnung und der Preisgestaltung auch die Planung, Bilanzierung und wirtschaftsorganisatorische Aspekte auf volkswirtschaftlicher Ebene betreffen.

Die Zwischen- und Abschlußergebnisse der hier vorgestellten Einzelaufgaben werden jeweils dem gesellschaftlichen Auftraggeber, zentralen staatlichen Organen und Betrieben der Industrie zur Verfügung gestellt und vor ihnen fallweise verteidigt. Sie fließen in verallgemeinerter Form in Lehrmaterialien der Sektion Sozialistische Betriebswirtschaft und des postgradualen Stadiums ein. Bei Eignung werden sie teilweise veröffentlicht. Die Vielfalt der mit der Ökonomie mineralischer Rohstoffe verbundenen Fragestellungen verdeutlicht, welche Anstrengungen in der ökonomischen Forschung zur Erfüllung der Beschlüsse unserer Partei zur umfassenden Nutzung einheimischer mineralischer Rohstoffe notwendig sind und daß zur Lösung der Aufgaben die enge Zusammenarbeit mit der Industrie und die interdisziplinäre wissenschaftliche Kooperation an der Hochschule sowie mit anderen wissenschaftlichen Einrichtungen unerläßlich sind.

Zusammenfassung

Im gesellschaftswissenschaftlichen Bereich der Bergakademie werden verstärkt Forschungsarbeiten zur Ökonomie mineralischer Rohstoffe durchgeführt. Die Untersuchungen umfassen die drei Komplexe: Stellung mineralischer Rohstoffe in der Volkswirtschaft und in der Weltwirtschaft, Ökonomie der geologischen Suche und Erkundung und Analyse lagerstättenwirtschaftlicher Probleme. In Zusammenarbeit mit der Industrie und in interdisziplinärer Forschung an der Hochschule werden wichtige Fragen der Mineralrohstoffwirtschaft theoretisch durchdrungen und praxisbezogene Lösungen abgeleitet, für die einzelnen Gebiete ausgewählte Forschungsergebnisse diskutiert; die Richtung weiterer Untersuchungen wird charakterisiert.

Резюме

В общественно-научной области Горной академии г. Фрейберга усиленно проведется исследовательские работы к экономии минерального сырья. Исследования охватывают три комплекса: позиция минерального сырья в народном хозяйстве и в мировом хозяйстве, экономия геологических поисков и разведки как и анализ проблем экономики месторождений. В сотрудничестве с промышленностью и в межотраслевом научном исследовании на Вузе решаются теоретически важные вопросы хозяйства минерального сырья и выводятся решения для практики. Для отдельных областей обсуждаются выбранные результаты исследования; характеризуется направление дальнейших исследований.

Summary

In the section of social sciences of Freiberg School of Mining research work is increasingly carried out on the economy of mineral raw materials, and includes the following three complexes: position of mineral raw materials in the national and international economy, economy of geological prospection and exploration, and analysis of problems connected with the economy of deposits. Important problems of the economy of mineral raw materials are penetrated theoretically and solutions referred to practical work are derived by co-operation with the industry and by interdisciplinary research at the School. Selected research results are discussed for the individual fields and the trend of further investigations is characterized.

Literatur

BACHMANN, H.: Zur Mineralrohstoffpolitik imperialistischer Staaten. – Z. angew. Geol., 21, 450–455, Berlin 1975.

BACHMANN, H.; NAETHER, G.: Kostenrechnung zur Vorbereitung lagerstättenwirtschaftlicher Entscheidungen im Bergbau. – Neue Bergbautechn., 1 Leipzig 1977.

EICHNER, R.: Die Technologie geologischer Untersuchungsarbeiten als Grundlage der Bewertung, Planung, Abrechnung und Rationalisierung von Leistungsprozessen der Erkundungsbetriebe. – Dissertation Bergakademie Freiberg, Freiberg 1975.

FUSS, S.: Studien zur rohstoffwirtschaftlichen Statistik verschiedener Länder. – Diplomarbeit Bergakademie Freiberg, Freiberg 1976.

HAAKE; KOCKEL: Neue Betriebssystematik für die Industrie. – Statist. Praxis, 7, 270, Berlin 1966.

LEISTIKOW, A.: Der gegenwärtige Kampf der Entwicklungsländer um die ökonomische Unabhängigkeit, dargestellt am Beispiel der Rohstoffkrise für mineralische Rohstoffe. – Neue Bergbautechn., Heft 12, Leipzig 1976.

RICHTER, H.: Untersuchungen zur Steigerung der Effektivität geologischer Arbeiten, erläutert am Beispiel der Erkundung von Braunkohlenlagerstätten in der DDR. – Dissertation Bergakademie Freiberg, Freiberg 1975.

RÜTGER, G.: Die Entscheidungsgröße „Volkswirtschaftlich vertretbarer Aufwand". – Z. angew. Geol., 23, 5, Berlin 1977.

SANDIG, H.: Effektivität und geologische Erkundung. In: „Beiträge zur Leitung und Planung geologischer Erkundungsarbeiten". – Freiberger Forsch.-H., D 103, Leipzig 1977.

Zeitschrift für angewandte Geologie, Bd. 24 (1978), Heft 1

Mathematische Modellierung von Karbonatgesteinslagerstätten

KÜHL, A., Dessau

1. Einleitung

Als Folge des ständig wachsenden Bedarfs an festen mineralischen Rohstoffen ist sowohl eine Zunahme an geologischen Erkundungsdaten als auch eine ungleich schnellere Steigerung an Erkenntnissen und Daten aus der Rohstoffgewinnung und -verarbeitung zu beobachten. Für die bau- und silikattechnischen Rohstoffe fallen diese Daten mehr oder weniger ungeordnet an. Sie werden zur Überprüfung der bei der geologischen Erkundung gewonnenen Daten oft nur unzureichend ausgewertet. Ungeachtet des ständigen Bemühens, die Untersuchungs- und Bemusterungsmethoden zu vervollkommnen und den Aussagegehalt der geologischen Dokumentationen zu erhöhen, hat dieser Umstand zur Folge, daß die Repräsentanz der für die Nutzerindustrie ausgewiesenen Angaben zur Tektonik sowie zu den geochemischen und petrophysikalischen Parametern an dem Abbaustoß häufig nur im Rahmen großer Streuungen um den Mittelwert gewährleistet ist.
Im Gegensatz dazu sind bei der Gewinnung von bau- und silikattechnischen Rohstoffen kontinuierlich wachsende Fördermengen bei gleichzeitig steigenden Forderungen der Verfahrenstechnik an die geochemische und petrophysikalische Homogenität der Rohstoffe zu registrieren. Damit verbunden ist eine Ausweitung der Lagerstätten bis zu ihren Grenzen mit sich permanent verschlechternden Rohstoffqualitäten.

2. Aufgaben der mathematischen Lagerstättenmodellierung

Die Aufgaben der mathematischen Lagerstättenmodellierung bestehen in der mathematischen Formulierung geologischer Sachverhalte, in der Geometrisierung lagerstättenimmanenter Merkmale und ihrer numerischen Bearbeitung mit Hilfe der EDV. Ein Hauptziel der Lagerstättenmodellierung ist die mathematisch-statistische Ordnung und Verdichtung des geologischen Datenmaterials und die Ermittlung der durch die Fülle an Einzeldaten verdeckten Gesetzmäßigkeiten in der Verteilung folgender Lagerstättenkennwerte (nach BUKRINSKI 1966):

- Lagerstättenkennwerte von tatsächlich existierenden Trennflächen, bedingt durch petrographischen Wechsel, Hangend- und Liegendgrenze des Nutzgesteins, Störungen u. a.
- Lagerstättenkennwerte, die gedachte Flächen beschreiben, die in der Natur nicht vorhanden, aber von realen Trennflächen abgeleitet sind, wie Abraum- und Rohstoffisopachen, Flächen gleicher Lagerungsteufe u. a. Die Genauigkeit der diese Kennwerte darstellenden Funktionen hängt von der Meßbarkeit und Dichte der Untersuchungspunkte ab.
- Lagerstättenkennwerte, die gedachte Flächen beschreiben, die in der Natur nicht existieren und nicht immer eine Abhängigkeit mit tatsächlich vorhandenen Trennflächen der Lagerstätte haben, wie Variation der Stoffkomponenten, Intensität der Klüftung, Veränderlichkeit der petrophysikalischen, geomechanischen und anderen Eigenschaften der Gesteine.

Die Funktionen dieser Lagerstättenkennwerte werden ermittelt als Mittelwerte von Volumina. Sie sind eine mathematische Wahrscheinlichkeit der möglichen Realisierungen der Variationsfunktion der Kennwerte.
Die durch Zahlen fixierten Eigenschaften der Lagerstätte in einem beliebigen Punkt stellen Elementarvolumina oder Raumzellen dar, die als Funktionen der räumlichen Lage des Punkts und der Zeit betrachtet werden können als

$$P = f(x, y, t, z)$$

mit x, y und z als Raumkoordinaten und t als Größe der Zeit.
Die Gesetzmäßigkeiten für die Veränderung dieser Eigenschaft können dann durch einen Zahlenwert gekennzeichnet und geometrisch formuliert werden, wenn nach BUKRINSKI (1966) die Funktion der untersuchten Eigenschaft folgende Bedingungen erfüllt:

- Endlichkeitsbedingung hinsichtlich Begrenztheit für unendlich große Zahlen;
- Eindeutigkeitsbedingung hinsichtlich Angabe nur eines Werts für einen Punkt;
- Kontinuitätsbedingung hinsichtlich nur unwesentlicher Veränderung des Zahlenwerts bei unbedeutender Verschiebung des Beobachtungspunkts;
- Liquiditätsbedingung hinsichtlich fließender Veränderung des Zahlenwerts der Funktion P bei kleiner Veränderung der Koordinaten x, y und z.

Ausgehend von diesen vier Bedingungen wies SOBOLEWSKI (bei BUKRINSKI) nach, daß eine beliebige Eigenschaft des geochemischen Felds eine schichtige Struktur hat und geometrisch durch ein System sich nicht schneidender Isolinien ausgedrückt werden kann. Probleme ergaben sich bei der Beurteilung der Variabilität, für welche über 50 Vorschläge zur Charakteristik derselben formuliert wurden, die aber alle nicht völlig den Charakter der Veränderlichkeit erfassen.
In diesem Rahmen sollen nur die vier Grundtypen von Verteilungen genannt werden:

- Normalverteilung
- gemischte Verteilung
- Linksasymmetrische Verteilung
- Rechtsasymmetrische Verteilung,

wobei durch die geologischen Sedimentationsformen, wie Rhythmen und Zyklen das Kriterium der Zufälligkeit nicht vollkommen gewährleistet ist.

3. Methoden der mathematischen Lagerstättenmodellierung

Die Methoden der mathematischen Lagerstättenmodellierung wurden innerhalb der letzten zwei Jahrzehnte entwickelt und in Anpassung an die Lagerstättentypen und den geforderten Genauigkeitsgrad der Rohstoffnutzer ständig verfeinert. Entscheidendes Beurteilungskriterium für die geologischen Modelle ist immer der realisierte Abbau der Lagerstätte durch die Datengewinnung betriebsgeologischer Erkundungen, vorrangig durch Bohrmehlbemusterung von Gewinnungsbohrungen im Festgestein und Stoßbemusterung von Lockergesteinen, sowie aus der Chargenbemusterung der Aufbereitungsprozesse, soweit ein direkter Bezug zu definierten Lagerstättenbereichen möglich ist.
Als wichtigstes Schnellbestimmungsverfahren für die geochemischen Hauptkomponenten hat sich die Röntgen-

Eingang des Manuskripts in der Redaktion: 11. 10. 1976.
Arbeit basiert auf Publikationen von V. NEMEC

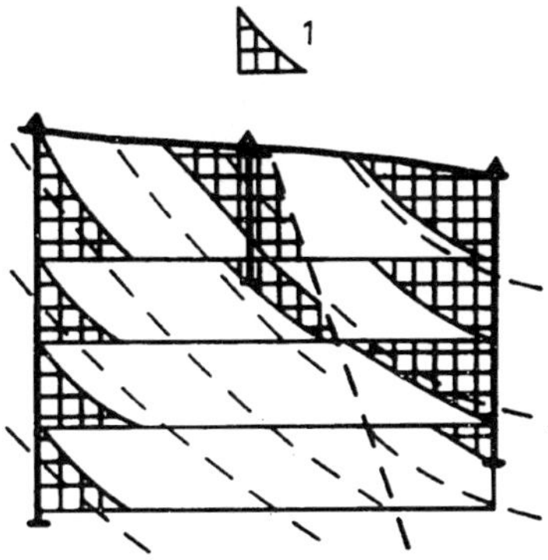

Abb. 1. Saigerriß mit berechneten und nichtberechneten Qualitätsbereichen

Fluoreszenzanalyse erwiesen. Die einfachste Methode, die sich beim Abbau von Teilfeldern innerhalb von Großlagerstätten sowie bei Lagerstätten mit geringer Kapazität des Rohstoffnutzers bewährt hat, ist die Isolinienkonstruktion für Abbauscheiben. Dabei werden durch lineare Interpolation ausschließlich zwischen benachbarten Bohrungen Isolinien, z. B. der Karbonatgehalte konstruiert, so daß man Isokarbonatkarten erhält (BALZER 1971). Anhand solcher Karten können Korrekturen in der Abbaurichtung vorgenommen werden.

In einer kritischen Analyse setzt sich NEMEC (1971) mit der Dreiecks- und Polygonalmethode bei schräggestellten Karbonatgesteinslagerstätten auseinander. Hierbei wird ohne Berücksichtigung der Abbaubedingungen — Niveaus der Abbauscheiben — eine Lagerstättenausblockung nur für die beprobten Bereiche durchgeführt: Durch Bildung des arithmetischen Mittels der quantitativen und qualitativen Parameter für die geologischen Schnitte und Blöcke wird oft eine gute Quantitätseinschätzung, aber eine fehlerhafte Qualitätseinschätzung erreicht. Durch die Begrenztheit der Bemusterung bleiben zudem große Teile der Abbaublöcke unberücksichtigt (Abb. 1).

Mit Hilfe des gewogenen Mittels aller Probenabschnitte im Blockbereich und der Abschätzung der prozentualen Anteile der unterschiedlichen stratigraphischen und petrographischen Einheiten auf Grundrissen und Schnitten werden wesentlich repräsentativere Daten gewonnen. Unberücksichtigt bleiben aber dabei Fehlerquellen infolge von Kernverlustbereichen, Analysenfehler (verschiedene Labors) sowie megaskopisch nicht erkennbare Veränderlichkeiten infolge von Heterogenitäten und Anisotropien in den Streichrichtungen. NEMEC (1971) stellte in einem schematischen Modell die geologischen Prozesse dar, die an der Bildung einer Kalklagerstätte beteiligt sind (Abb. 2).

Eine Möglichkeit, einzelne geologische Prozesse, z. B. der Sedimentation, der Verwitterung und der Verkarstung zu filtern, um andere Prozesse wie z. B. die Dolomitisierung sichtbar zu machen und in geologischen Teilmodellen darzustellen, besteht in der Anwendung der Trendanalyse. Durch Bildung von Polynomen verschiedener Ordnung werden statistische Modelle dargestellt, die eindeutig definiert sein müssen. Unter Verwendung der Wahrscheinlichkeitstheorie erfolgt die Prüfung und Kontrolle der gewonnenen Resultate. Die Glättung der Trendlinien und Trendflächen kann sowohl mit Hilfe der bekannten statistischen Verfahren, wie Methode der kleinsten Quadrate und der gleitenden Durchschnitte zur Trennung zufälliger und determinierte Anteile der Trendfunktion, durchgeführt werden. Entsprechend der Größe des geologischen Untersuchungsareals sind über die Polynombildung mittels EDV folgende Operationen möglich:

- Trennung lokaler Trends innerhalb einer Lagerstätte von lokalen Schwankungen im Kleinbereich sowie eine
- Trennung regionaler Trends von überlagernden lokalen Trends für größere geologische Einheiten.

Die formale Beschreibung lautet:

$X_P = f(P) + Z_P$

wobei X_P der Wert des Merkmals am Ort P,

$f(P) = f(x, y)$ die deterministische (2-dimensionale) Ortsfunktion bzw. der regionale Trend u.

Z_P die zufällige Störung ist.

Die Polynomansätze für f der Approximation lauten:

$f(x, y) + a + b_1x + b_2y + c_1x^2 + c_2y^2 + c_3xy + \cdots$

wobei b_1, b_2... die Regressionskoeffizienten sind.

Diese Trendanalysen wurden mit Erfolg bei der Beurteilung

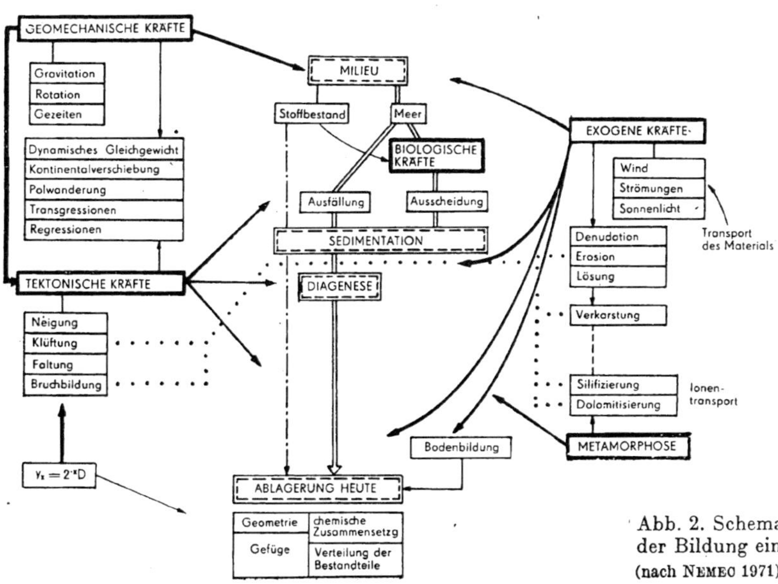

Abb. 2. Schematisches Modell geologischer Prozesse, die an der Bildung einer Kalksteinlagerstätte beteiligt sind (nach NEMEC 1971)

der Aschegehalte im Braunkohlenrevier der Lausitz eingesetzt.
Allerdings sollten nach STOYAN (1974) die Flächen nicht zu klein und der Polynomgrad maximal 4 bis 5 betragen, da sonst alles weggeglättet wird. Ein weiteres Einsatzgebiet besteht in der Trennung zufälliger, technischer (methodischer) und regelmäßiger (determinierter) Analysenfehler, wobei letztgenannte durch die Unregelmäßigkeit der Kennlinie der Analysenkurve charakterisiert ist. Die Beurteilung der ursprünglichen und der mittels Trendanalyse abgeglichenen Analysenwerte erfolgt nach NEMEC (1973) in folgenden Einstufungen:

A sehr gute Übereinstimmung (maximal 10% der Toleranz für Laboranalysen);
B gute Übereinstimmung, wobei die Analysen maximal die Toleranz der Laboranalysen erreichen;
C schlechte Übereinstimmung, wobei die Analysen maximal die doppelte Toleranz der Laboranalysen erreichen;
D ungenügende Übereinstimmung mit Abweichungen darüber hinaus.

Eine entscheidende Verbesserung für die digitalisierte Qualitätskennzeichnung von Karbonat- und Tonlagerstätten stellen die von NEMEC (1971) entwickelten Raummodelle dar. Ihnen liegt das Bestreben zugrunde, die Zufälligkeiten einzuengen und die ziffernmäßig konkretisierten Vorstellungen über die räumlich-qualitative Verteilung des Rohstoffs den Erkenntnissen über die Struktur der Lagerstätte maximal anzunähern. Die wichtigsten Methoden zur Entwicklung der Raummodelle sind:

a. die Methode der gleitenden Durchschnitte;
b. die Konstruktion der gleitenden Prismen;
c. die Isoliniendarstellung;
d. die Korrelations- und Regressionsanalyse;
e. die Trendanalyse und;
f. die Bildung von Blocksystemen.

Bei der Beurteilung von Bindungen und Beziehungen größerer und unübersichtlicher Merkmalsreihen, z. B. schwer differenzierbarer Rohstoffeinheiten und komplexer Beziehungen zwischen geochemischen, petrophysikalischen und geomechanischen Merkmalen, werden zudem die Komponenten- und Faktorenanalyse und die Diskriminanzanalyse angewandt. Mit Hilfe der Methode der gleitenden Durchschnitte können

— zufällige Fehler durch Glättung von Kurven, die Gehalte und Häufigkeitsverteilungen innerhalb einer Lagerstätte darstellen, eliminiert werden (vergl. GEBELEIN 1951);
— systematische Fehler, die durch die Originalproben aus Teilgesamtheiten eingebracht wurden, reduziert werden;
— grundlegende strukturelle Merkmale der Lagerstätte, die durch Sedimentations- und andere Prozesse erfaßt werden;
— Qualitätsparameter für den Abbau numerisch dargestellt werden. Als Erläuterung dient Abb. 3 (Berechnung der gleitenden Durchschnitte aus den Daten der Erkundungsbohrungen (NEMEC 1971).

Die mathematische Formulierung für den ersten Mittelpunkt des Intervalls ist

$$d_1 = \text{n. b.} \geqq \left(\frac{a}{2} + c_0\right) > (n-1)\, b < \left(\frac{a}{2} + c_0\right)$$

Es bedeuten:

a — Intervall für die Durchschnittswerte (konstante Mächtigkeit);
b — Stufe der Rechenoperationen (konstanter Abstand zwischen den benachbarten Mitten der berechneten gleitenden Durchschnitte;
c_0 — Abraummächtigkeit;
c_{1-k} — Mächtigkeit der Einzelproben;
d_{1-k} — Teufe des Mittelpunkts des $_{1-k}$-ten Intervalls;
n — ganze Zahl.

Weitere Intervalle bilden eine Reihe:

$d_2, d_3 \ldots d_k \ldots \text{dm}$

wobei $d_k = d_1 + (k-1)\, b$ ist, für $k = 2, 3, \ldots$m bis

$$\text{dm} = (d_{\max}) \leqq \sum_{0}^{\max.} c_k - \frac{a}{2}$$

Der entscheidende Vorteil dieser Methode besteht in der Gewinnung von kontinuierlichen Variablen anstelle diskreter Ausgangsdaten. Diese neuen zweidimensional fixierten Variablen bilden die Grundlage für die Darstellung von Isolinien. Bei einfachen Karbonatgesteinslagerstätten reichen für die Lagerstättenmodellierung fünf Merkmalsdarstellungen aus. Unregelmäßigkeiten im Relief der Nutzgesteinsoberkante (Abraumunterkante) verursachen bei Abweichungen bis 40% in der Mächtigkeit des obersten Merkmals — Intervalls — gleichbedeutend mit der obersten Abbauscheibe — praktisch keine Fehler. Voraussetzung dafür ist die Anordnung der Isolinien in Schnitten.
Bei der Methode der gleitenden Prismen werden primär festgelegt

— die Dimensionen des Prismas (d_x, d_y, d_z);
— die Endkoordinaten x, y, z, die den Raum begrenzen;
— der Schritt c_x, c_y, c_z, in dem sich das Prisma bis zu den Endkoordinaten bewegen soll.

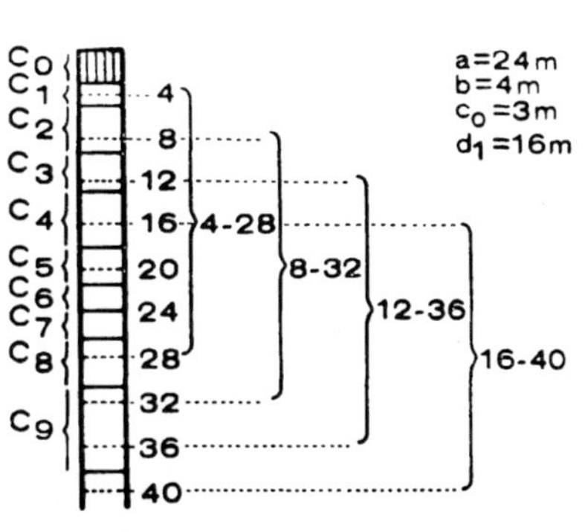

Abb. 3. Berechnung der gleitenden Durchschnitte aus den Bemusterungsdaten der Bohrungen

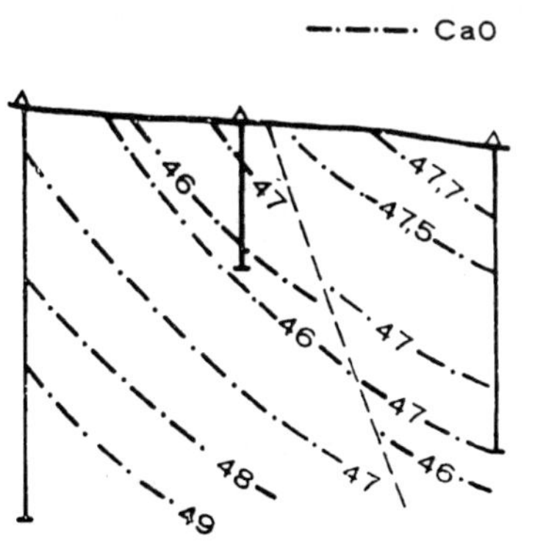

Abb. 4. Isolinien für den CaO-Gehalt im Saigerriß

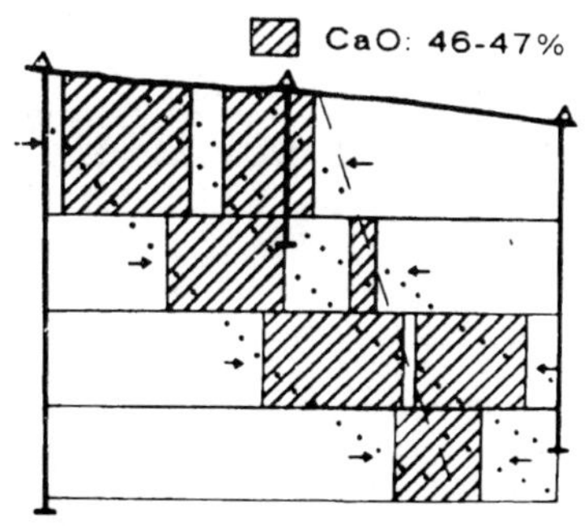

Abb. 5. Definierte Gehaltsbereiche von CaO in verschiedenen Abbauscheiben

Für jedes Prisma wird die zugehörige Probenanzahl sowie das gewogene Mittel der erforderlichen Merkmale bestimmt. Durch die gleitendende Überdeckung der Prismen werden neue räumlich variable Größen gewonnen, die über die Bildung von Isolinien Aussagen über die Umgebung der berechneten Raumeinheiten schaffen. In Anpassung an die Lagerstättenstruktur ist eine Filterung der Resultate möglich, die die Haupttrends der räumlichen Veränderlichkeit widerspiegeln.
Bei einem Intervall a der Durchschnittswerte, das der Mächtigkeit einer Abbauscheibe entspricht, erfolgt dementsprechend eine Konzentration des Profils in einem einzigen Punkt in der Profilmitte. Die Verbindung der Mitten mit gleichen Werten führt zur Isoliniendarstellung, die zuerst in Saigerrissen erfolgt (Abb. 4).
Wie Abb. 4 zeigt, korrespondieren die Isolinien mit der stratigraphischen und petrographischen Abfolge der Schichten; durch tektonische Erscheinungen werden sie unterbrochen. Für diese Bereiche müssen gesonderte Untersuchungen durchgeführt werden, da sie für die Rekonstruktion der Primärsedimentation eliminiert werden müssen. Bei Kenntnis der Lage der Abbausohlen ist die tatsächliche Qualität der Lagerstätte an jeder Stelle der Schicht gleich dem Wert, der durch die Mitte der Schichthöhe dargestellt wird (Abb. 5).
Die Übertragung der Isolinien von Saigerrissen auf Grundrissen erfolgt unter sorgfältiger Beachtung aller Indikationen, die durch andere Geowissenschaften von der Lagerstätte gewonnen wurden, u. a. die der Oberflächengeophysik, der Montanhydrologie und der Ingenieurgeologie. Die Anfertigung von Isolinienkarten für jede der Abbauscheiben ermöglicht eine wertvolle Kontrolle für geologische Überlegungen (Abb. 6). Im letzten Jahr wurde die automatische Isolinienkonstruktion mittels rechnergesteuerten Anlagen in verschiedenen Rechenzentren vervollkommnet.
Durch den Einsatz von Korrelations- und Regressionsrechnungen kann entsprechend den geochemischen und petrophysikalischen Gesetzmäßigkeiten die Anzahl der Merkmale auf die wichtigsten reduziert werden. Die wechselseitigen Beziehungen, z. B. der Hauptoxide können deterministischer, d. h. von stöchiometrischen Abhängigkeiten bedingter, oder stochastischer, d. h. von ungeordneten Zusammenhängen bedingter Natur sein. Diese Zusammenhänge werden erst durch genannte mathematisch-statistische Verfahren sichtbar. Durch Ordnung und Sortierung nach stratigraphischen Einheiten bzw. petrographischen Typen, bei großen Lagerstätten entsprechend ihrer geographischen Position, der Intensität tektonischer Störungen sowie durch Verwendung der Daten aus den gleitenden Durchschnitten kann in den meisten Fällen eine Erhöhung der Korrelationskoeffi-

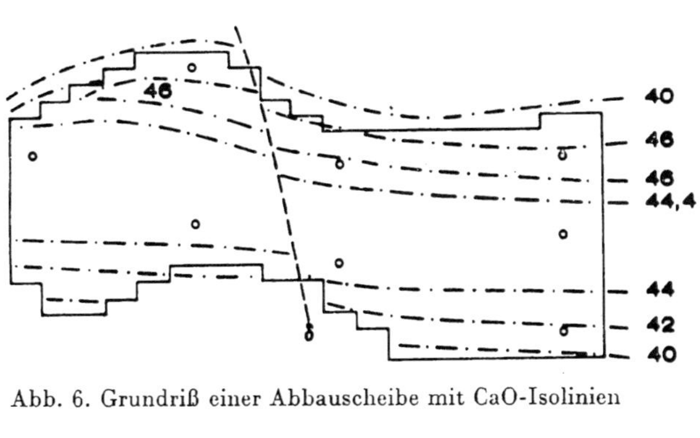

Abb. 6. Grundriß einer Abbauscheibe mit CaO-Isolinien

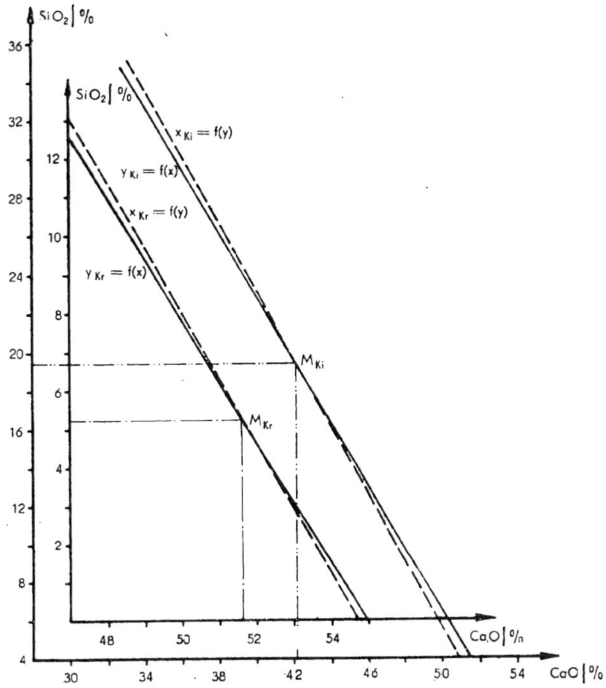

Abb. 7. Regressionsgeraden und -gleichungen sortierter Analysen von Kreidekalk und Kieselkreide

Kreidekalk $x_{Kr} = 88{,}77 - 1{,}62\,x$ bei $y_{Kr} = f(x)$
$n_{Kr} = 55$ $x_{Kr} = 54{,}77 - 0{,}594\,x$ bei $x_{Kr} = f(y)$
Kieselkreide $y_{Ki} = 88{,}43 - 1{,}64\,x$ bei $y_{Ki} = f(x)$
$n_{Ki} = 209$ $x_{Ki} = 53{,}30 - 0{,}5775\,y$ bei $x_{Ki} = f(y)$

zienten und damit verläßlichere Aussagen erzielt werden. Im allgemeinen sind die Merkmale miteinander linear korreliert (Abb. 7).
Über Mehrfachregressionen kann nach NEMEC die Anzahl der mit Isolinien darzustellenden Merkmale auf zwei, maximal drei, reduziert werden, wobei die übrigen Merkmale sehr einfach über die Regressionsgleichung

$$Y = a + b_1x_1 + b_2x_2 \ldots + b_{n-1}x_{n-1}$$

errechnet werden können. Nichtrepräsentative Proben, geophysikalische Indikationen u. a. werden generell nur entsprechend ihrer Wertigkeit einbezogen. So wird z. B. bei der Korrelation von CaO und MgO in dolomitischen Kalksteinen der unterschiedliche Rauminhalt beider Merkmale berücksichtigt (CaO + 1,39 MgO).
Die mit diesen Methoden erzielten Ergebnisse sind insofern nicht immer befriedigend, als die Ausblockung nach einer vorgegebenen Abbautechnologie (Studie, Projekt) erfolgte, die sich in der Praxis oft wesentlich verändert. Es handelt sich um Änderung des Sohlenniveaus und des Aufschlußbereichs, so daß bis zu einem gewissen Grade die gesamte Auswertung von neuem beginnen muß.
Aus diesem Grund wurde von NEMEC (1971) die Methode der Blockbildungssysteme angewandt. Die Methode beruht auf der Aufteilung der Lagerstätte in: Mikroblöcke, Makroblöcke und Megablöcke.
Die Mikroblöcke sind geometrische Grundeinheiten mit konstanter Fläche und beinhalten alle für den Abbau notwendigen Merkmale — topografische Parameter, Abraum- und Qualitätsparameter. Diese Parameter repräsentieren seine Mitte. Bei gewöhnlichen Abmaßen eines Mikroblocks von 10 × 10 × 20 m (Länge × Tiefe × Höhe) wird auf jeden Fall eine Gruppierung nach Abbauscheiben unter Anwendung regelmäßiger Gitter empfohlen.

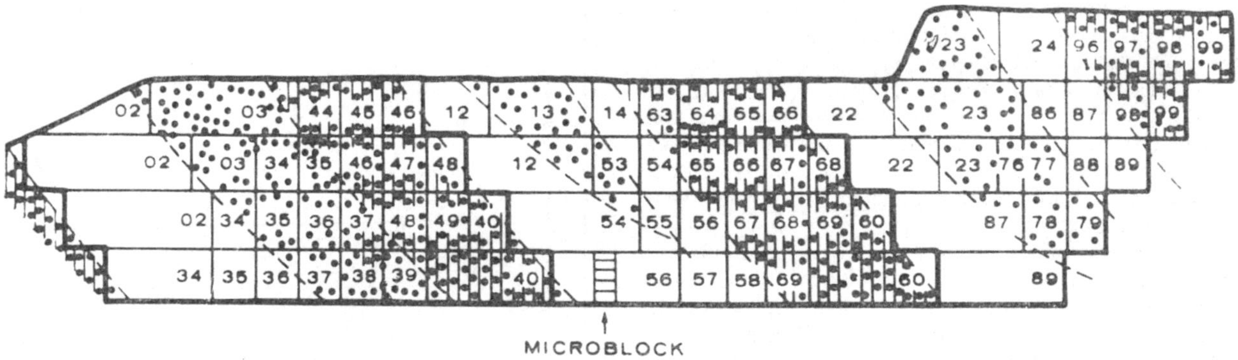

Abb. 8. Mikro- und Makroblöcke im Saigerriß mit Qualitätsverschlüsselung

Für jede dieser Raumeinheiten ist der geochemische Inhalt entweder direkt oder über die Koeffizienten der Regressionsgleichungen festgelegt, und zwar für 4 bis 5% der Blöcke durch direkte Eingabe der Erkundungsdaten. Der andere Teil (95 bis 96% der Elemente) wird durch Interpolation mittels EDV-Anlage errechnet.

Es erfolgt eine automatisierte Ausblockung der Mikroblöcke. Der Nutzen liegt in einer schnellen Durchrechnung von beliebig logisch verknüpfbaren Varianten. Die Mikroblöcke sind lagenmäßig nach x—y-Koordinaten genau fixiert und zudem geordnet nach größeren Einheiten (Makro- und Megablöcke), die ebenfalls durch Zahlengruppen in die Schlüsselnummer eingehen.

Makroblöcke stellen eine Summierung von Mikroblöcken in größeren Einheiten dar. Die Zusammenfassung der Mikroblöcke in diesen Einheiten erfolgt unter geologisch-geochemischen, zuweilen auch gegenläufigen Homogenitätskriterien (geologische, technologische) (Abb. 8).

Abb. 8 zeigt den Saigerriß einer komplizierten Kalksteinlagerstätte mit Vorratsblöcken. Folgende Kriterien sowie abbau- und verarbeitungstechnischen Randbedingungen können bei der Codierung berücksichtigt bzw. in die Rechenprogramme mit eingegeben werden:

— Konditionen für verschiedene Verbraucher, z. B. Kalkwerke und Zementwerke einschließlich der zulässigen Toleranzen;
— Optimale Verschnittanteile hinsichtlich des qualitativen Gleichgewichts der Rohstoffeinheiten;
— Ausdehnung und Begrenzung des selektiven Abbaus;
— Verhiebsbreite und zwangsweiser Vorlauf verschiedener Abbauscheiben.

Im Ergebnis dessen können Teilmodelle für minimale Abbauverluste und die Minimierung des Zwangsanfalls an Nichtverschnittwürdigem entwickelt werden.

Megablöcke als größte Raumeinheiten werden durch die Zusammenfassung von Makroblöcken gebildet als Grundlage für die Abgrenzung und den Entwurf optimaler langfristiger Nutzungsvarianten. Abb. 9 zeigt die verschiedenen Blockeinheiten im Grundriß einer Abbauscheibe. Die Anzahl von Mikro-, Makro- und Megablöcken verhält sich nach den Erfahrungen von NEMEC (1971) etwa 500:20:1.

Abb. 10 zeigt das vereinfachte Blockbild einer Lagerstätte mit hoch- und niedrigprozentigem Kalkstein, die durch 10 Bemusterungsintervalle erfaßt wird. Bei unverritzten Lagerstätten hat sich eine Trennung von geologischer und abbautechnologischer Simultanlösung als günstig erwiesen. Hierfür wird in der Phase 1 zunächst die Erarbeitung eines technologisch unbeeinflußten geologischen Lagerstättenmodells und in der Phase 2 ein maximal angepaßtes Abbaumodell empfohlen.

Bei der Erarbeitung geologischer Modelle von faziell besonders komplizierten sowie auch steilstehenden Lagerstätten kann sich die Entwicklung von Miniblöcken in den Abmaßen 4 bis $8 \times 10 \times 10$ m als notwendig erweisen, wobei auch diese wiederum in größere Blöcke (Mikroblöcke) eingepaßt sind. Hingegen sind bei einfachen Lagerstätten, wie den Kalksteinlagerstätten, u. a. Karsdorf, Bernburg, Nienburg, geringen Abbaufortschritten und einer geringen Anzahl von Qualitätsparametern Vereinfachungen durch Operationen mit Durchschnittsgehalten für den praktischen Einsatz (Operativtechnologie) von ausreichender Genauigkeit, wenn von den Korrelationsrechnungen abgesehen wird.

Über einfache Quotientenbildung des Hauptmerkmals von vier Einsatzrohstoffen, z. B. des Glühverlusts oder CaO-Gehalts, lassen sich vier Komponenten durch drei ausdrücken. Der Einsatzschlüssel dieser drei Komponenten (Optimallösungen) kann dann mit Hilfe der Dreiecksdarstellung schnell ermittelt werden.

Eine andere Möglichkeit, besteht in der Aufstellung einer Matrix in der jede Komponente durch die prozentualen Mengenanteile der anderen Komponenten ausgedrückt und entsprechend optimale Rohstoffkombinationen ausgewählt werden können. Abb. 11 gibt zusammenfassend ein Entwicklungsschema der räumlichen und zeitlichen Lagerstättenmodellierung nach NEMEC[1]). Raummodelle, die auf der Grundlage der geologischen Erkundung für den gesamten Exploitationszeitraum aufgestellt wurden, z. B. in der Bindemittelindustrie für mehr als 40 Jahre, werden nach NEMEC strategische Raummodelle (1) genannt. (Abb. 12 zeigt ein Schema der aktualisierten Bewertung von Lagerstätten für die Bindemittelindustrie nach NEMEC).

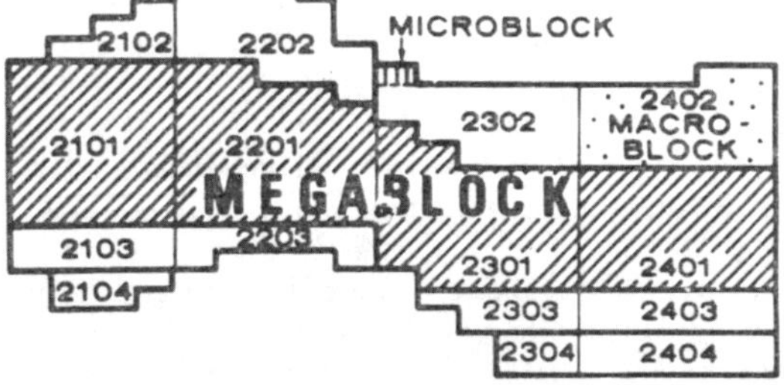

Abb. 9. Mikro-, Makro- und Megablöcke im Grundriß einer Abbauscheibe mit Qualitätsverschlüsselung

[1]) Freundliche Mitteilung von Herrn Dr. V. NEMEC, Geoind. Prag

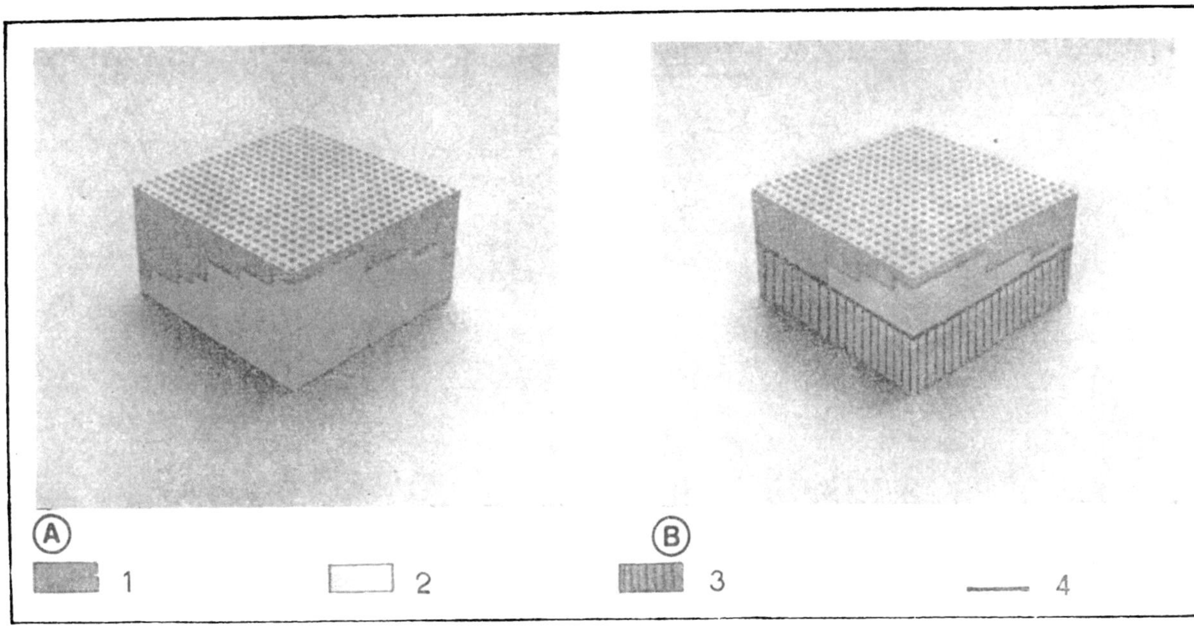

Abb. 10. Vereinfachtes Lagerstättenmodell mit je 10 Analysenintervallen

A — gesamte Lagerstätte, B — gewinnbarer Teil der Lagerstätten mit der geforderten Zusammensetzung; 1 — Kalkstein mit hohem CaO-Gehalt; 2 — Kalkmergelstein; 3 — liegende, nicht genutzte Rohstoffbereiche; 4 — Abbauniveau

Mit der Projektierung des Aufschlusses und Regelbetriebs eines Tagebaus können sie in strategische Zeitmodelle (1) überführt werden. Taktische Raummodelle (2) werden auf der Grundlage zusätzlicher betriebsgeologischer Erkundungen für Zeiträume von fünf, maximal zehn Jahren, geschaffen. Unter Einbeziehung einer mittelfristigen Abbauplanung können sie in taktische Zeitmodelle (2) überführt werden. Operative Raum- bzw. Zeitmodelle (3) werden mit Hilfe von Gewinnungsbohrungen bzw. Stoßbemusterung für Zeiträume bis zu einem Jahr als Grundlage für die operative Abbauplanung entwickelt. Es erfolgt jeweils ein Abgleich zwischen den Zeitmodellen mit einer entsprechend neuen Auswahl der Gewinnungsblöcke sowie mit der Aussage über eventuell notwendige Verdichtungsbohrungen. Diese Modelle bilden die Grundlage für einen mittels Prozeßrechner gesteuerten Abbau und eine rechnergesteuerte und -kontrollierte Vorratshaltung.

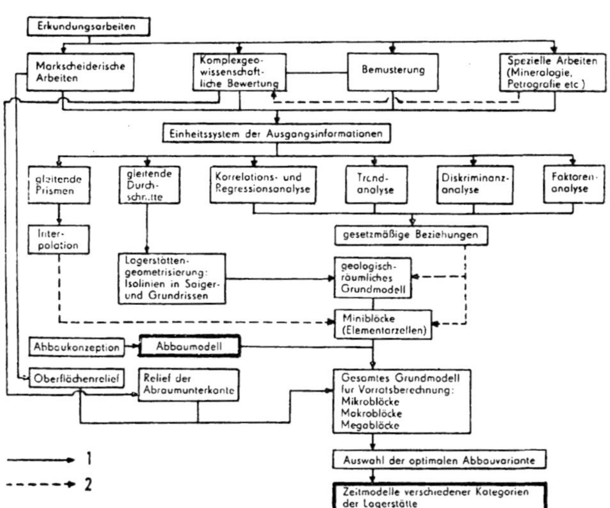

Abb. 11. Entwicklungsschema der räumlichen und zeitlichen Lagerstättenmodellierung (nach NEMEC 1971)

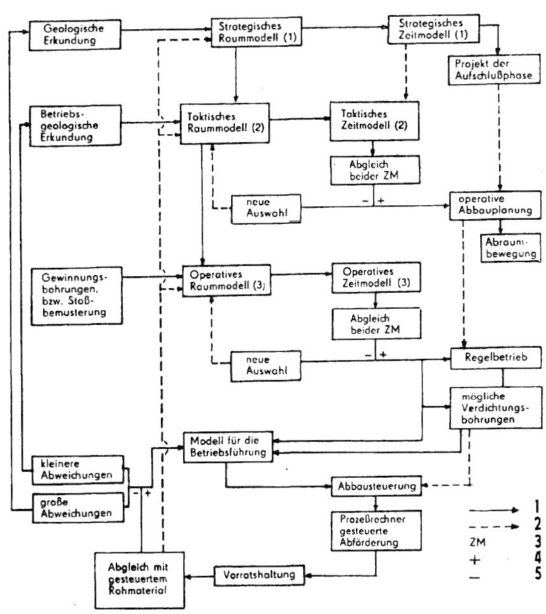

Abb. 12. Schema der aktualisierten Bewertung von Lagerstätten für die Bindemittelindustrie (nach NEMEC 1971).

1 — direkte Beziehung; 2 — mittelbare Beziehung; 3 — Zeitmodelle; 4 — ja; 5 — nein

Abb. 13 zeigt das Flußbild eines EDV-berechneten Rohstoffauswertungs- und Projektierungssystems mit Rechenprogrammen für die Ermittlung

— der statistischen Grunddaten bei der Erweiterung der Vorratsbasis,
— der Verteilungsmuster und lithofaziellen Differenzierung,
— der Repräsentanzdaten und der Abtragsmächtigkeiten für die Abbauscheiben,
— des Rohstoffeinsatzschlüssels und der Verschnittbedingungen,
— der Kapazitäten der Gerätekctten im Tagebau sowie der Vorratshaltung mit Simulation und Optimierung des Abbaus.

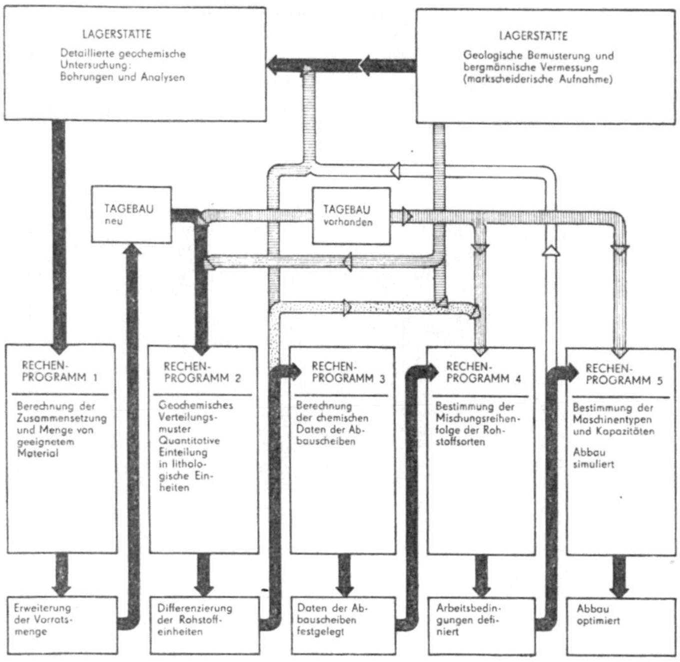

Abb. 13. Blockschema eines EDV-berechneten Rohstoffauswertungs- und Projektierungssystems mit Rechenprogrammen

4. Schlußbemerkungen

Die Komplexität der geologischen Prozesse einerseits und die ständig wachsenden Bedürfnisse der Nutzerindustrie bei begrenzten Rohstoffpotentialen an den jeweiligen Standorten andererseits macht es erforderlich, die traditionellen, mehr beschreibenden Methoden der Lagerstättenbewertung und -klassifizierung durch digitalisierte Lagerstättenmodelle zu ersetzen.
Mit diesen mathematischen Lagerstättenmodellen wird den wachsenden Genauigkeitsansprüchen des Rohstoffverbrauchers im weitaus größerem Maße Rechnung getragen. Mit Hilfe zahlreicher mathematisch-statistischer Methoden ist es möglich, das immense Datenmaterial zu verdichten und mit gesicherter Aussagegenauigkeit für die verschiedensten Gewinnungs- und Verarbeitungsprozesse zu verwenden. Die Lösung der zahlreichen Aufgaben, die sowohl für die geologische Erkundung als auch für die Rohstoffnutzer bestehen, ist nur mit Hilfe der EDV möglich. Hierfür wurden — namentlich in der ČSSR — zahlreiche Rechenprogramme entwickelt.
Der sehr erfolgreiche Einsatz der mathematischen Lagerstättenmodellierung bei der Ton-, Karbonatgestein- und Werksteinlagerstättenerkundung und -nutzung der ČSSR seit 15 Jahren sowie der Braunkohlenerkundung und -gewinnung der DDR seit etwa 10 Jahren beweist die Notwendigkeit ihrer Anwendung.

Zusammenfassung

Der ständig wachsende Bedarf an Karbonatrohstoffen und die steigenden Forderungen der Verfahrenstechnik an die geochemische und petrophysikalische Homogenität ihrer Lagerstätten machen die Anwendung der mathematischen Lagerstättenmodellierung erforderlich. Es werden einige Methoden von Bukrinski und Nemec, insbesondere dessen komplexe Raummodelle, erläutert. Diese bilden die Grundlage für die Erarbeitung strategischer, taktischer und operativer Raum- und Zeitmodelle, mit denen eine optimale Abbauplanung möglich ist.

Резюме

Постоянно возрастающее потребление карбонатного сырья и увеличивающиеся требования техники образа действия геохимической и петрофизической однородности их месторождений требуют применение математического моделирования месторождений. Объясняется некоторые методы Букринского и. Немеца, особенно его комплексные пространственные модели. Они являются основой для выработки стратегичных, тактичных и оперативных пространственных и временных моделей, при помощи которых возможно оптимальное планирование разработки.

Summary

The ever growing want of carbonate raw materials and the increasing demands of chemical engineering on the geochemical and petrophysical homogeneity of their deposits make it necessary to use mathematical deposit modelling. Some methods developed by Bukrinski and Nemec are explained, in particular his complex space models. These are the basis for elaborating strategic, tactical and operative space and time models by which an optimum planning of extraction can be realized.

Literatur

Balzer, H. J.: Die Erstellung von Richtlinien für eine langjährige Abbauplanung. — Zement, Kalk, 10, 451—453, Wiesbaden 1971.

Bukrinski, W. A.: Fragen der geometrischen Erfassung von physikalisch-technischen und bergbaugeologischen Kennwerten der Lagerstätte für die Modellierung auf Digitalrechnern (russ.). — Lehrbuch, Moskau 1966. (Übersetzung: WB Markscheidewesen, Bergakademie Freiberg, Freiberg 1973).

Gebelein, H.: Anwendung gleitender Durchschnitte zur Herausarbeitung von Trendlinien und Häufigkeitsverteilungen. — Mitt. Bl. math. Statistik, 3, 45—68 (1951).

Nemec, V.: Space models of inclined limestone deposits. In: Decision-making in the mineral industry. — Canad. Inst. Min. & Metallurgy spec., 12, 209 to 217, Montreal 1971.

— Probleme der Lagerstättenmodellierung. — Z. geol. Wiss., 1, 10, 1277—1288, Berlin 1973.

Stoyan, D.: Mathematische Erfassung geologischer Veränderlichkeiten von Trennflächen. — Vortrag, gehalten 27. 11. 1974 im Rahmen des Lehrganges Lagerstättengeometrisierung des WB Markscheidewesen der BA Freiberg.

Zeitschrift für angewandte Geologie, Bd. 24 (1978), Heft 1

Zur Methodik der Dokumentation von Hangbewegungen

PUTSCHER, S.; BACHMANN, G.; KADO, H., Berlin

1. Einleitung

Die unterschiedlichen Erscheinungsformen der Hangbewegungen sind im wesentlichen an bestimmte geologische Formationen gebunden und demzufolge auch nur in bestimmten Ländern verbreitet. Sie treten zumeist in Gebirgen, an Küstensteilhängen und Abbauböschungen von Tagebauen auf und können zu beträchtlichen ökonomischen Verlusten, bei katastrophalem Verlauf auch zu Verlusten an Menschenleben führen.
In den letzten Jahrzehnten werden und wurden Hangbewegungen kleineren und größeren Ausmaßes immer häufiger durch anthropogene Eingriffe ausgelöst. Als Ursachen sind z. B. unkontrolliertes Abholzen von Wäldern, Nichtbeachtung der Stabilitätskriterien bei der Errichtung von Bauwerken in Hangbereichen, Veränderung der Hangstabilität durch Abbau von Lagerstätten im Tagebaubetrieb, unvorsichtige Steuerung des Stauregimes in Stauanlagen zu verzeichnen. Für den Ingenieurgeologen und für den Bauingenieur ist die Klärung der Rutschungsursachen sowie die Voraussage bzw. Untersuchung des Intensitätsgrads, des räumlichen und zeitlichen Vorlaufs von Rutschungen sowie der daraus resultierenden Oberflächenfromen von großer praktischer Bedeutung. Aus den Ergebnissen derartiger Untersuchungen können und müssen Schlußfolgerungen für die Einleitung wirksamer Maßnahmen zur Beobachtung, Verhütung oder auch Sanierung von Rutschungen gezogen werden. Ebenso wertvoll sind auch die Hinweise, die sich hieraus für die Einschätzung der Stabilität und des Bewegungsverhaltens vergleichbarer anderer, zu Rutschungen neigender labiler Hangbereiche gewinnen lassen. So ist es nur folgerichtig, wenn die Probleme und die verschiedenen Methoden der Erfassung, Dokumentation und Klassifikation derartiger Prozesse Gegenstand zahlreicher Publikationen sind.
Zur Rationalisierung der Dokumentation sowie zur Schaffung einer realen Bewertungsgrundlage und Vergleichsmöglichkeit mit den aus anderen Rutschungen gewonnenen Erkenntnissen und Parametern wurde daher von den Verf. eine Methodik der Hangbewegungsdokumentation erarbeitet.

2. Methodik der Aufnahme und Bewertung

Da die Rutschungserscheinungen eine Vielfalt von Entstehungsursachen, Bewegungsvorgängen und bewegungsauslösenden Faktoren beinhalten, wurde eine Vielzahl von Klassifikationsmöglichkeiten geschaffen. Die meisten bekannten Klassifikationen der Hangbewegungen enthalten jedoch nur die Typen, die unter bestimmten geologisch-morphologischen Verhältnissen vorkommen. Abgesehen von der Beschreibung einzelner Rutschungen wurden Überblicke über das Gesamtgebiet z. B. von HEIM (1932), SHARPE (1938), CLEAVES (1961), ECKEL (1958) und ZARUBA & MENCL (1961, 1969) gegeben. Die in diesem Zusammenhang von den genannten Autoren vorgelegten Klassifikationen entsprechen dem jeweiligen Erkenntnisstand, wobei die Gliederung bzw. Typisierung entweder nach der Genese, dem Material, der Bewegungsgeschwindigkeit, den Gleitflächen und nach reinen regionalen Gesichtspunkten oder dem Bewegungsmechanismus erfolgte.
Gleichzeitig mit den Rutschungsklassifikationen entwickelten sich unterschiedliche Termini für gleichartige Hangbewegungstypen oder Erscheinungsformen im Rutschkörper. Als Beispiel seien die für ein und denselben Bewegungsvorgang verwendeten Begriffe Felssturz, Bergfall, Steinfall, Steinschlag und Steinlawine genannt. Um Mißverständnisse beim Gebrauch derartiger Termini zu vermeiden und zur Verbesserung der Verständigung zwischen Geologen, Bau- und Bergingenieuren beizutragen, wurde bereits auf der 1. DDR-Rutschungstagung in Karl-Marx-Stadt im Jahr 1973 empfohlen, eine Vereinheitlichung der Terminologie auf der Basis geologischer und geomechanischer Faktoren zu erreichen. Die daraufhin von KLENGEL & PAŠEK (1974) erarbeiteten Vorschläge wurden in der von den Verf. vorgelegten Aufnahme- und Bewertungsrichtlinie berücksichtigt.
Die Vielfalt der Rutschungsklassifikationen sowie der unterschiedlichen Aufnahme- und Bewertungskriterien lassen sich nur unter großen Schwierigkeiten in eine gemeinsame, beliebig ergänz- und präzisierbare Klassifikation bringen. Daher wurde die nachfolgend erläuterte Methodik zur Aufnahme und Bewertung von Hangbewegungen auf der Grundlage eines bereits vorliegenden RGW-Vorschlags (1968) sowie der von NEMČOK u. a. (1972) und PAŠEK (1974) veröffentlichten Klassifikation ausgearbeitet. Der Vorteil eines derartigen Schemas liegt in der gleichartigen Dokumentation, die nach einheitlichen Gesichtspunkten durchgeführt ist und damit die Grundlage für eine Vergleichbarkeit bietet.
Die Zuverlässigkeit bzw. Verwertbarkeit der gewonnenen Bewertungskriterien hängt im wesentlichen davon ab, in welchem Maße es gelingt, die die Standfestigkeit beeinflussenden Faktoren 1. zu erkennen, 2. zu erfassen bzw. zu messen und 3. laborativ sowie in situ zu ermitteln. Das gilt sowohl für die geologisch-tektonischen, physikalisch-mechanischen als auch hydrologisch-hydrogeologischen Parameter.
Der Aufwand für die entsprechenden Arbeiten, z. B. für die Einschätzung der Böschungsstabilität, ist abhängig von dem Aufbau und der Zusammensetzung des anstehenden Gebirges und vom Gefährdungsgrad bedrohter Objekte. Bei Talsperrenneubauten z. B. sollten bereits im Stadium der Planung und Erkundung entsprechende Dokumentationen angefertigt werden.
Im Gegensatz zu den nach wie vor notwendigen und bisher gebräuchlichen, aber im allgemeinen wenig übersichtlichen Dokumentationsnachweisen in Berichtsform mit vielen Tabellen, graphischen und photographischen Unterlagen ohne kurze, aber aussagekräftigen Kurzcharakteristiken erfolgt im Vorschlag der Verf. die Dokumentation auf Datenerfassungsbögen im Format A 4, die in „Allgemeine und Spezielle Parameter" unterteilt werden. Letztere werden weiter untergliedert in geologisch-tektonische, physikalisch-mechanische und hydrogeologische Parameter.
Diese Form der Dokumentation erlaubt unseres Erachtens im Zusammenhang mit der graphischen und photographischen Dokumentation eine übersichtlichere und aussagekräftigere Darstellung der charakteristischen Rutschungsmerkmale und vor allem eine schnellere Auswertung der dokumentierten Kennziffern für notwendig werdende Standsicherheitsberechnungen oder Sicherungs- und Sanierungsmaßnahmen als die z. B. in der ČSSR übliche Registrierung auf Lochkarten im Format A 5.
Die im Formblatt 1 „Allgemeine Parameter" (Abb. 1) verwendeten rein qualitativen Termini wie z. B. „Bewegungsvorgang", „Rutschungsform" usw. sind nach dem im Anhang dargelegten Schlüssel zu dokumentieren. Um

Eingang des Manuskripts in der Redaktion: 30. 12. 1976.

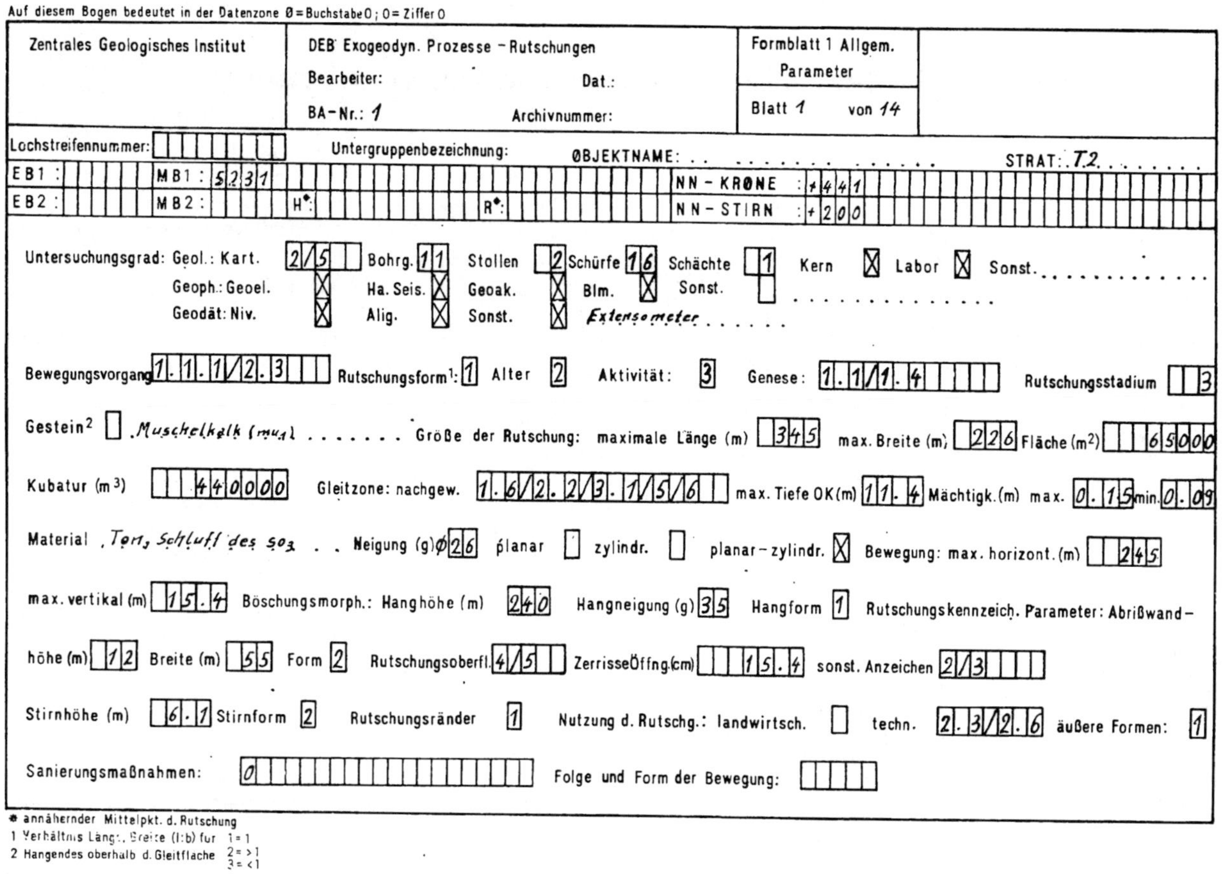

Auf diesem Bogen bedeutet in der Datenzone Ø = Buchstabe O; 0 = Ziffer 0

Zentrales Geologisches Institut | DEB Exogeodyn. Prozesse – Rutschungen | Bearbeiter: | Dat.: | BA-Nr.: 1 | Archivnummer: | Formblatt 1 Allgem. Parameter | Blatt 1 von 14

Lochstreifennummer: | Untergruppenbezeichnung: | ØBJEKTNAME: ... | STRAT: T2 ...

EB 1: | MB 1: 5 2 3 1 | NN-KRØNE: + 4 4 1

EB 2: | MB 2: | H*: | R*: | NN-STIRN: + 2 0 0

Untersuchungsgrad: Geol.: Kart. 2/5 | Bohrg. 1 1 | Stollen | 2 Schürfe 1 6 | Schächte 1 | Kern ☒ | Labor ☒ | Sonst. ...

Geoph.: Geoel. ☒ | Ha. Seis. ☒ | Geoak. ☒ | Blm. ☒ | Sonst. ☐ ...

Geodät: Niv. ☒ | Alig. ☒ | Sonst. ☒ | Extensometer ...

Bewegungsvorgang 1. 1. 1/2. 3 | Rutschungsform¹: 1 | Alter 2 | Aktivität: 3 | Genese: 1. 1/1. 4 | Rutschungsstadium 3

Gestein² ☐ Muschelkalk (mu1) ... Größe der Rutschung: maximale Länge (m) 3 4 5 | max. Breite (m) 2 2 6 | Fläche (m²) 6 5 0 0 0

Kubatur (m³) 4 4 0 0 0 0 | Gleitzone: nachgew. 1. 6/2. 2/3. 1/5/6 | max. Tiefe OK (m) 1 1. 4 | Mächtigk. (m) max. 0. 1 5 min. 0. 0 5

Material Ton, Schluff des so3 .. Neigung (g) Ø 2 6 | planar ☐ | zylindr. ☐ | planar-zylindr. ☒ | Bewegung: max. horizont. (m) 2 4 5

max. vertikal (m) 1 5. 4 | Böschungsmorph.: Hanghöhe (m) 2 4 0 | Hangneigung (g) 3 5 | Hangform 1 | Rutschungskennzeich. Parameter: Abrißwandhöhe (m) 1 2 | Breite (m) 5 5 | Form 2 | Rutschungsoberfl. 4/5 | Zerrisse Öffng. (cm) 1 5. 4 | sonst. Anzeichen 2/3

Stirnhöhe (m) 6. 1 | Stirnform 2 | Rutschungsränder 1 | Nutzung d. Rutschg.: landwirtsch. ☐ | techn. 2. 3/2. 6 | äußere Formen: 1

Sanierungsmaßnahmen: 0 | Folge und Form der Bewegung:

* annähernder Mittelpkt. d. Rutschung
1 Verhältnis Länge : Breite (l:b) für 1 = 1, 2 = > 1, 3 = < 1
2 Hangendes oberhalb d. Gleitfläche

Abb. 1. Datenerfassungsbogen — Formblatt 1 „Allgemeine Parameter"

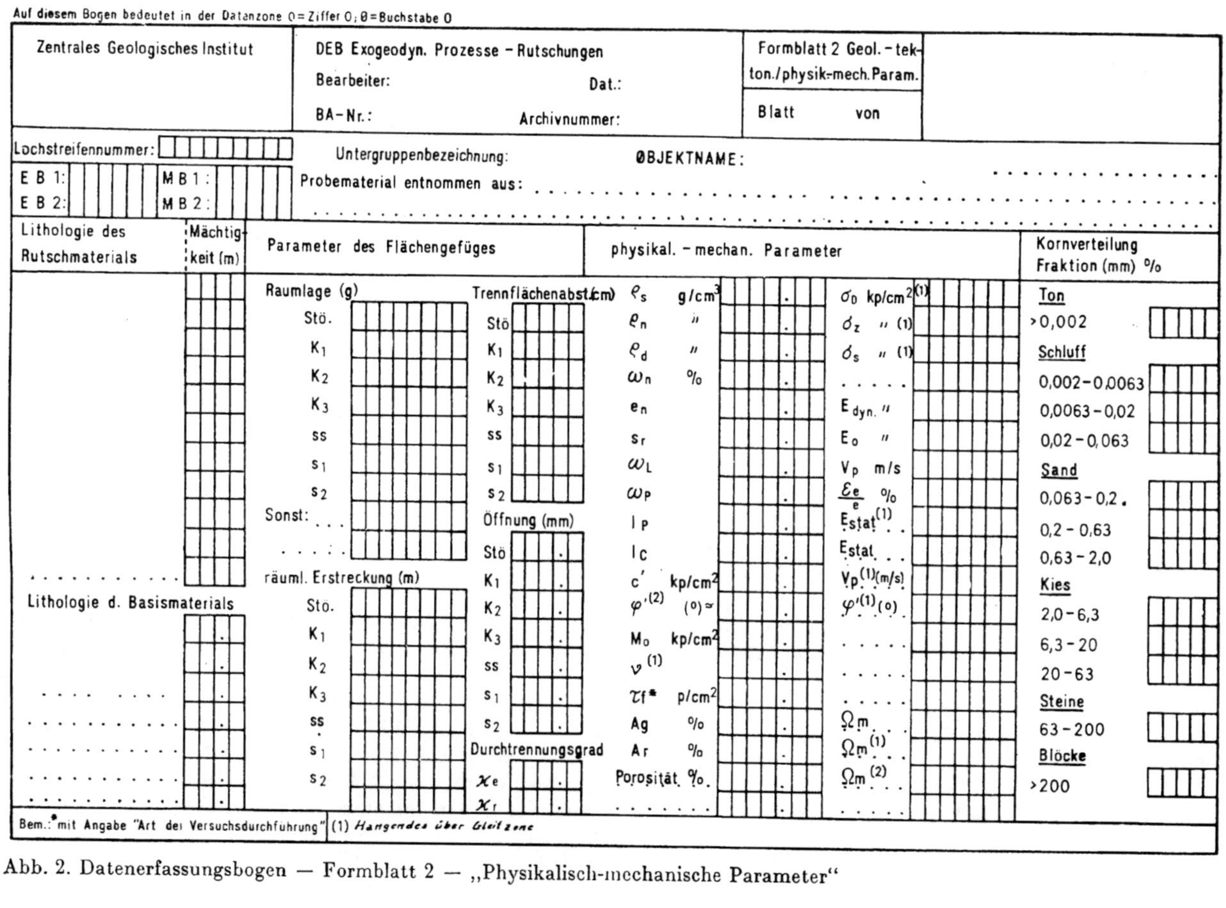

Auf diesem Bogen bedeutet in der Datenzone 0 = Ziffer 0; Ø = Buchstabe O

Zentrales Geologisches Institut | DEB Exogeodyn. Prozesse – Rutschungen | Bearbeiter: | Dat.: | BA-Nr.: | Archivnummer: | Formblatt 2 Geol.-tekton./physik-mech. Param. | Blatt von

Lochstreifennummer: | Untergruppenbezeichnung: | ØBJEKTNAME:

EB 1: | MB 1: | EB 2: | MB 2: | Probematerial entnommen aus: ...

Lithologie des Rutschmaterials | Mächtigkeit (m) | Parameter des Flächengefüges | physikal.-mechan. Parameter | Kornverteilung Fraktion (mm) %

Raumlage (g): Stö., K_1, K_2, K_3, ss, s_1, s_2, Sonst: ...

räuml. Erstreckung (m): Stö., K_1, K_2, K_3, ss, s_1, s_2

Trennflächenabst. (cm): Stö, K_1, K_2, K_3, ss, s_1, s_2

Öffnung (mm): Stö, K_1, K_2, K_3, ss, s_1, s_2

Durchtrennungsgrad: χ_e, χ_r

ϱ_s g/cm³, ϱ_n ", ϱ_d ", ω_n %, e_n, s_r, ω_L, ω_P, I_P, I_C, c' kp/cm², $\varphi'^{(2)}$ (°), M_0 kp/cm², $\nu^{(1)}$, τ_f* p/cm², Ag %, Ar %, Porosität %

σ_D kp/cm²(1), σ_z " (1), σ_s " (1), ..., $E_{dyn.}$ ", E_0 ", V_p m/s, ε_e %, $E_{stat}^{(1)}$, E_{stat}, $V_p^{(1)}$ (m/s), $\varphi'^{(1)}$ (°), ..., Ωm, $\Omega m^{(1)}$, $\Omega m^{(2)}$

Ton: > 0,002 | Schluff: 0,002–0,0063, 0,0063–0,02, 0,02–0,063 | Sand: 0,063–0,2, 0,2–0,63, 0,63–2,0 | Kies: 2,0–6,3, 6,3–20, 20–63 | Steine: 63–200 | Blöcke: > 200

Lithologie d. Basismaterials

Bem.: * mit Angabe "Art der Versuchsdurchführung" | (1) Hangendes über Gleitzone

Abb. 2. Datenerfassungsbogen — Formblatt 2 — „Physikalisch-mechanische Parameter"

Klassif
und schematische Darstellur

Klassifikationsgruppe (Unterteilung nach der Bewegung)	Gliederung der bewegten Masse

I. Kriechen
Geologisch langfristig verlaufende, sich nicht beschleunigende Bewegung, ohne ausgeprägte Gleitflächen.

A. Oberflächenkriechen - <20m Tiefe
Langsame Bewegungen (Verlagerungen verursacht durch Translation der einzelnen Komponenten), die durch klimatische Einflüsse ausgelöst werden (Schwellung, Schrumpfung, Eisdruck, Eishebung, Wurzeldruck der Vegetation).

B. Tiefkriechen -> 20 m Tiefe
Quasiplastische Deformation der bewegten Masse (creep), wobei die Scherfestigkeit nicht überschritten wird.

II. Gleiten
Verhältnismäßig schnelle, kurzfristig verlaufende Verlagerung mehr oder weniger miteinander verbundener Massen längs einer oder mehrerer Gleitflächen ohne Verlust des Kontaktes mit dem Liegenden. Das Ergebnis des Gleitens ist die Rutschung.

III. Fließen
Schnelle, kurzfristig verlaufende Verlagerung der Gesteinsmassen in einem Viskositätszustand - ist nur im Lockergestein möglich. Die Massen sind aus dem höheren Teil des Hanges ausgeflossen und über eine große Entfernung verlagert worden.

IV. Fallen/Stürzen
Sehr schnelle und sehr kurzfristig verlaufende Verlagerung von Gesteinsmassen an steilen Hängen, wobei die sich bewegende Masse völlig den inneren Zusammenhalt verliert und kurzfristig auch den Kontakt zum Liegenden.

1. Prinzipskizze einer Hangbewegung in Lockergestein

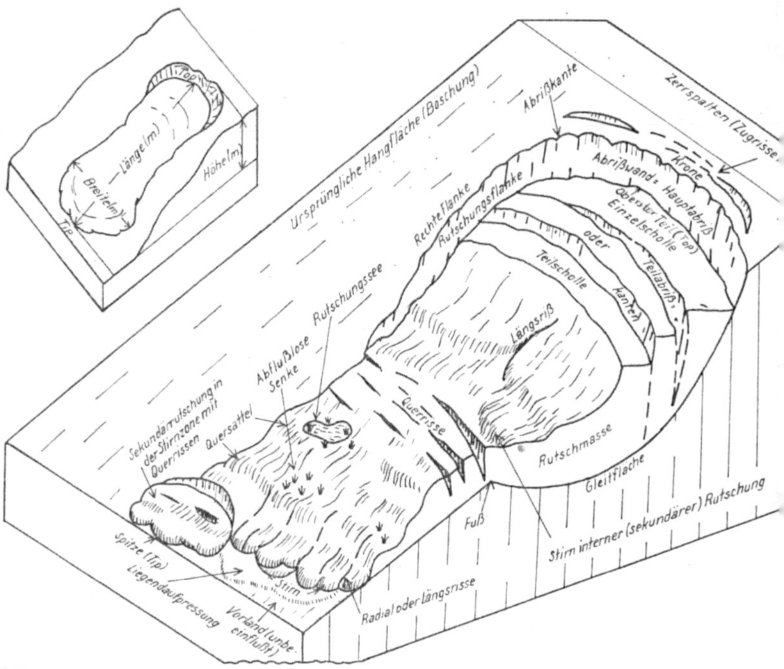

2. Prinzipskizzen von Hangbewegungen im Festgestein
(Terminologie von 1. ist, soweit zutreffend, zu übernehmen)

2.1

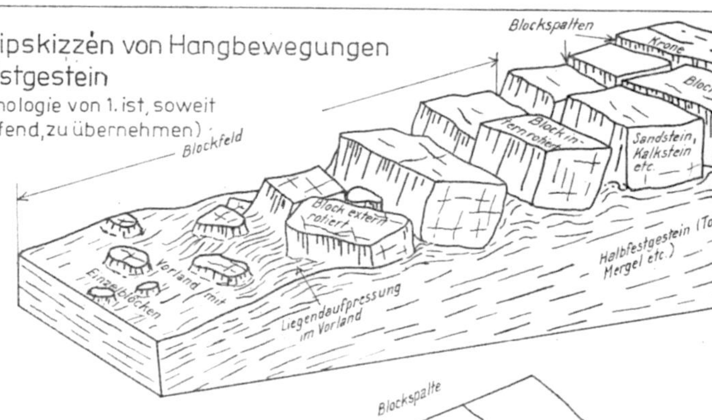

2.2

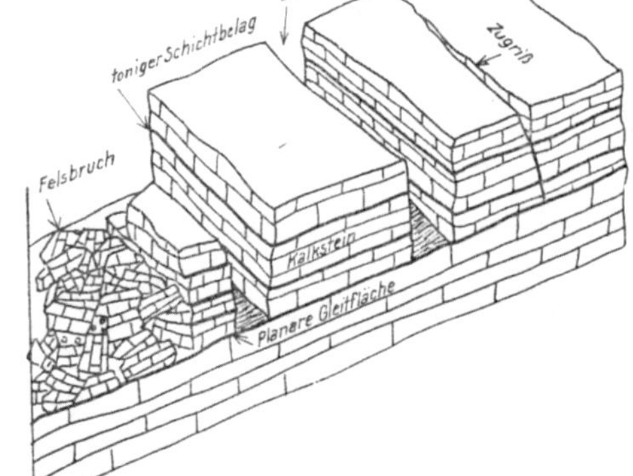

Zum Beitrag PUTSCHER, S.; BACHMANN, G.: „Zur Methodik der Dokumentation von Hangbewegungen“ Z. angew. Geol. **24**, 1,

Blatt 1

gruppen
ehörender Hangbewegungstypen

Beispiele von Hangbewegungstypen innerhalb der Klassifikationsgruppen

Kriechen

B. Tiefkriechen

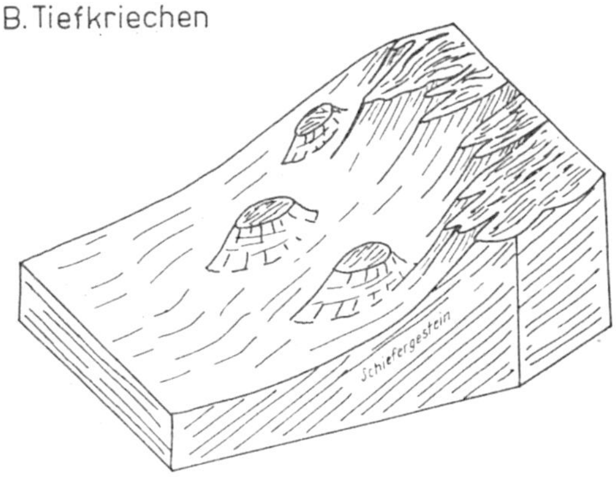

Blockrutschung (siehe auch Bild 2.1)

Gravitationsfaltung

Talzuschub bzw. "Bergzerreißung"

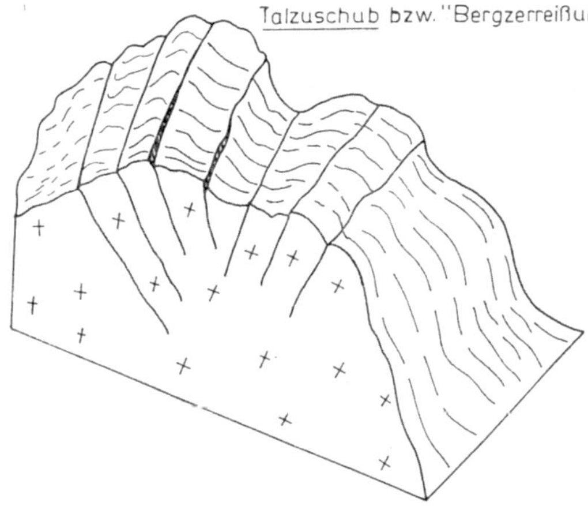

Talsohlenantiklinale

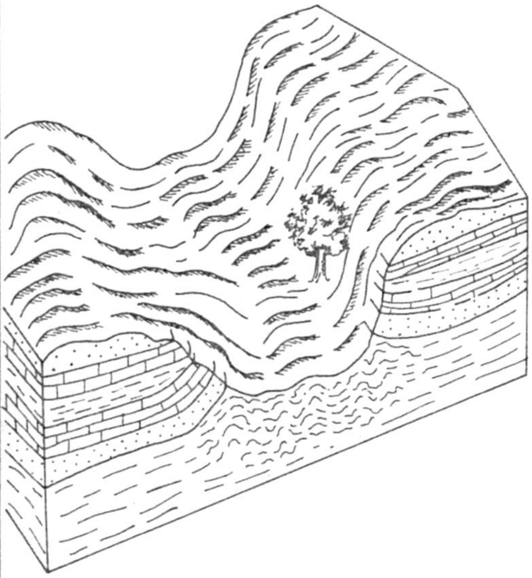

A. Oberflächenkriechen

Hakenschlagen

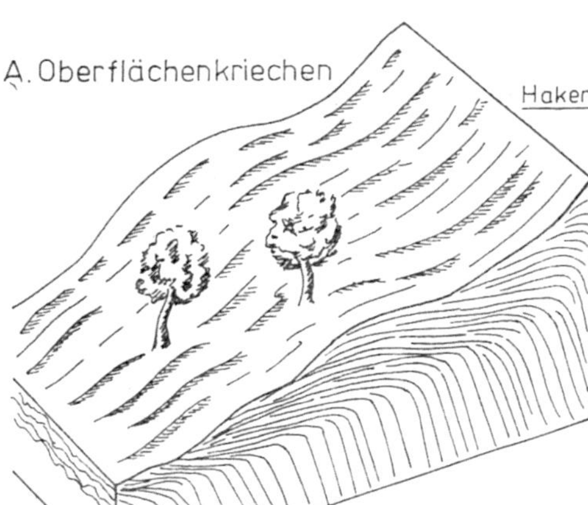

Schematische Darstellung eines bewegten Masseteilchens während des Kriechvorganges des Hangschuttes

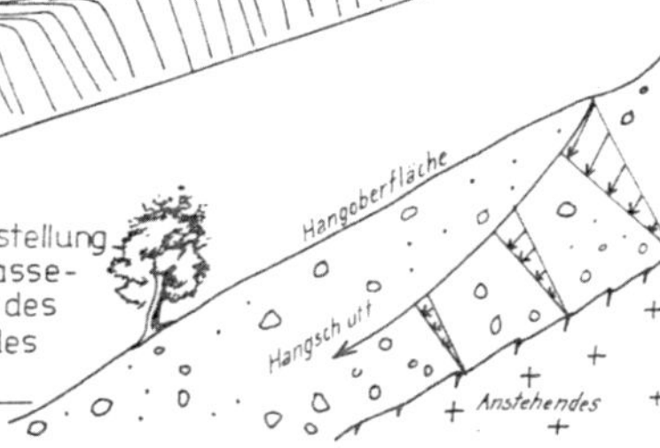

le unterschiedlicher Rutschungstypen

Klassi
und schematische Darstellur

Beispiele von Hangbewegungs

Gleiten	

Planarrutschung

(vgl. Abb. 2.2)
(konsequent nach SAVA-
RENSKI)

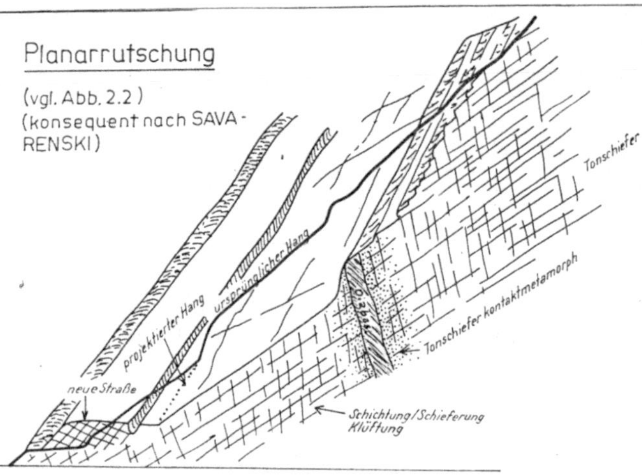

Rotationsrutschung

vorwiegend in bindigem
Material (siehe auch Abb. 1)
(asequent nach SAVARENSKI)

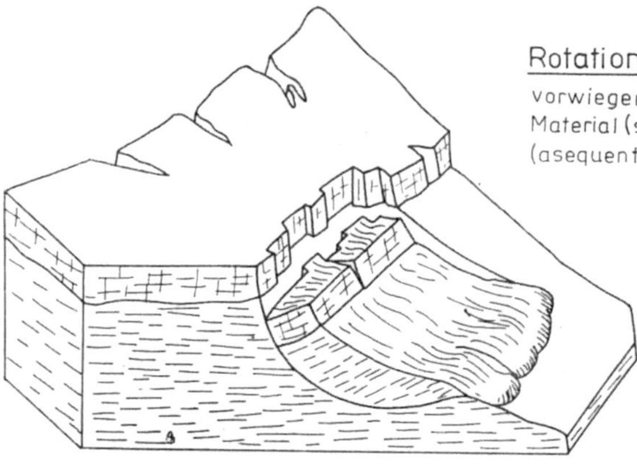

Stromrutschung (Sandge

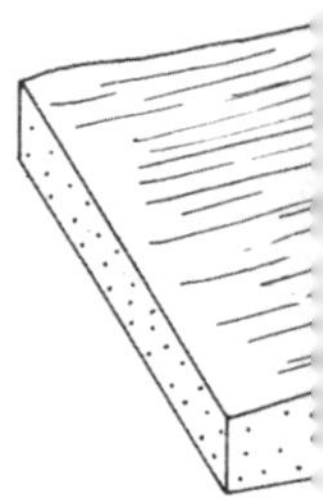

Rotations-Planarrutschung

(insequent nach SAVARENSKI)

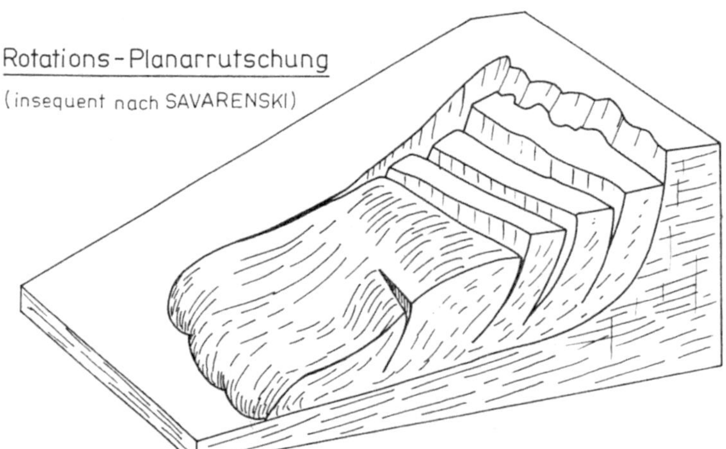

Erdstrom

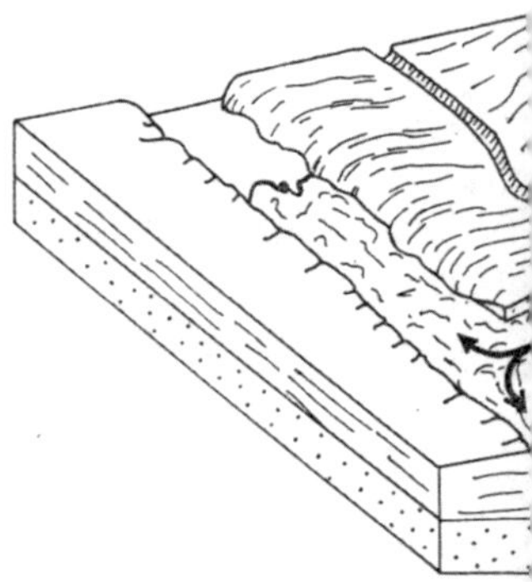

Blatt 2

…gruppen
…ehörender Hangbewegungstypen

…alb der Klassifikationsgruppen

	Fallen/Stürzen

Stromrutschung

(Schuttstrom)

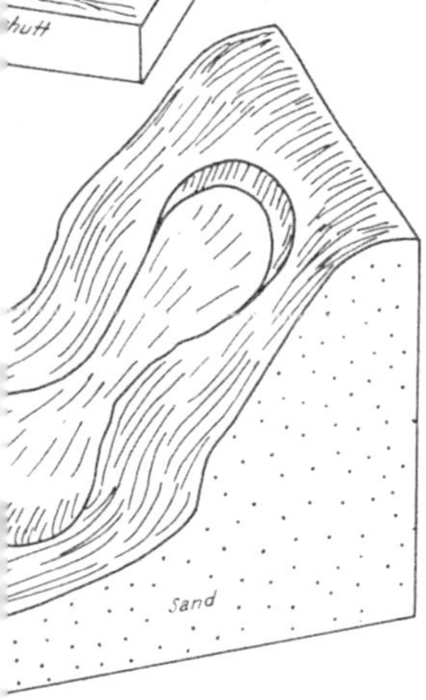

Bergsturz

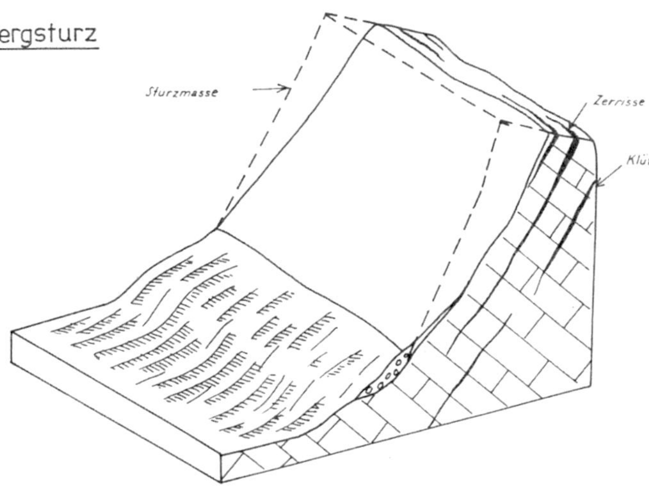

Steinschlag

Steinfall

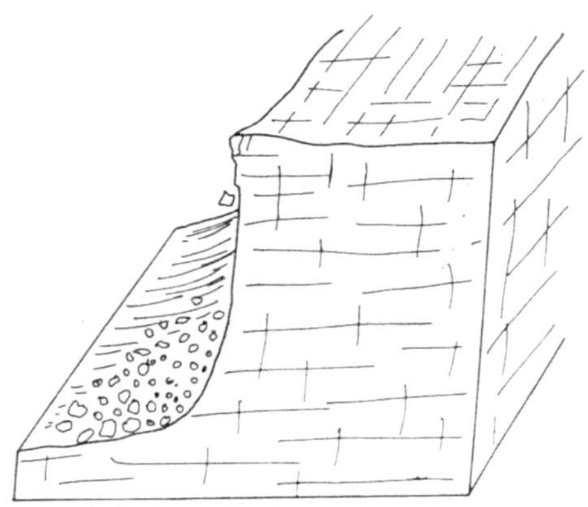

eine Vielzahl von Informationen in die Datenerfassungsbögen eingehen zu lassen, sind durch entsprechende Zeichen getrennte Kombinationen, z. B. zwischen den einzelnen „Bewegungsvorgängen", gleichfalls in die dafür vorgesehenen Kästchen einzutragen (Abb. 1).
Die unter „Untersuchungsgrad" aufgeführten Varianten, wie z. B. geophysikalische Dokumentation usw., sind auf Grund der gewählten Dokumentationsart mit Ausnahme der quantitativ faßbaren geologischen Aufschlüsse, wie Bohrungen, Stollen, Schürfe, Schächte, ausschließlich qualitativ — durch Ankreuzen bei durchgeführter Untersuchung kenntlich zu machen.
Da es kaum möglich ist, alle Gebiete auf dem Territorium der DDR, in denen Hangbewegungen vorkommen können, eingehend zu untersuchen und zu dokumentieren, erfolgt ähnlich dem tschechischen Vorschlag eine Unterteilung in drei Kategorien:

1. unbedeutende Hangbewegungen relativ geringer Ausmaße, keine Bedrohung technischer, kommunaler Anlagen; eingehende Dokumentationen sind nicht erforderlich;
2. bedeutende Hangbewegungen, Bedrohung einzelner technischer Objekte, morphologisch gut erkennbar, alle Angaben, die durch Geländearbeiten gewonnen werden können, sind zu vermerken;
3. sehr bedeutende Hangbewegungen größeren Ausmaßes, charakteristische Rutschung; eingehend zu untersuchen und zu dokumentieren.

Eine umfassende geologische, ingenieurgeologische und geophsyikalische Untersuchung sowie die laborative und in situ Ermittlung physikalisch-mechanischer Parameter sollte aus ökonomischen Erwägungen ausschließlich für die Kategorie 3 erfolgen.
Die Zugehörigkeit zur jeweiligen Kategorie ist auf dem Formblatt 1 zu vermerken. Im Formblatt 2 (Abb. 2) sind dort nicht vermerkte, bei Rutschungsuntersuchungen jedoch ermittelte Parameter mit Symbol und Zahlenwert in die offengehaltenen Kästchen einzutragen.
Gleiche Untersuchungen an unterschiedlichem Material, z. B. aus dem Rutschungskörper, der Gleitzone oder dem Liegenden unterhalb der Gleitzone, sind entsprechend zu kennzeichnen, so daß eine Zuordnung der Kennziffern und Parameter zum jeweiligen Material jederzeit ohne Schwierigkeit möglich ist. Bei umfangreicherem Material aus unterschiedlichen Rutschungsbereichen empfiehlt sich die Benutzung eines 2. und 3. Bogens von Formblatt 2. Da die Ergebnisse aller Einzeluntersuchungen nicht übertragen werden können, empfiehlt sich nur die Angabe von Mittelwerten, der Maximal- und Minimalwerte, sowie der Proben- bzw. Untersuchungsanzahl.
In Formblatt 3 „Hydrogeologische Parameter" sind einige qualitative Parameter enthalten (Abb. 3), die nach dem im Anhang gezeigtem Schlüssel zu dokumentieren sind. Neben den Formblättern sollten tabellarische Zusammenstellungen geophysikalischer und geodätischer Meßergebnisse beigefügt werden. Die ermittelten Kennziffern sind in entsprechend gegliederte Datenerfassungsbögen mit Tages-, Monats- und Jahresangabe der Messung aufzunehmen.

3. Atlas der Hangbewegungen

Um aus dem dokumentierten und sonstigen Faktenmaterial eine kurze, charakteristische und aussagekräftige Darstellung der einzelnen Rutschungen geben zu können, schlagen Verf. vor, alle gewonnenen Erkenntnisse in einem „Atlas der Hangbewegungen" darzustellen, der sämtliche auf dem Territorium der DDR vorkommenden wesentlichen Rutschungen enthalten soll. Zweckmäßig erscheint

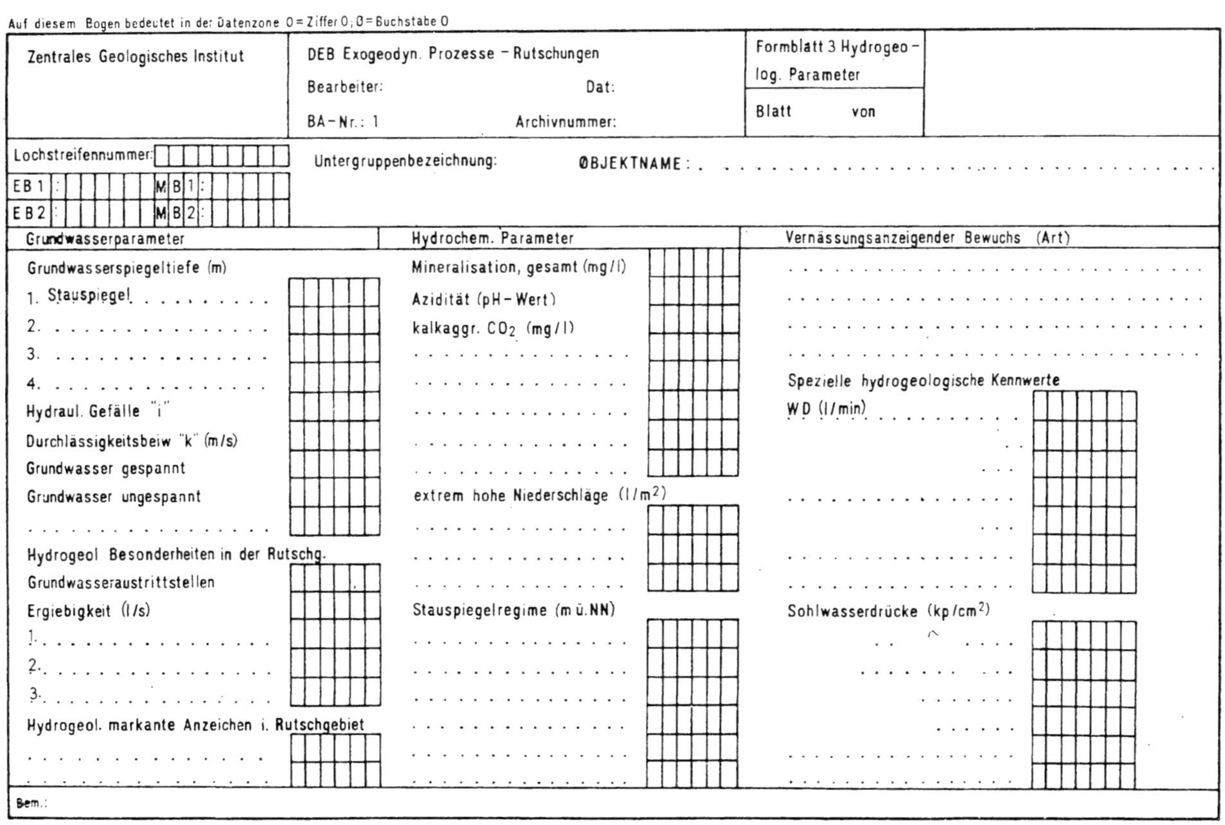
Auf diesem Bogen bedeutet in der Datenzone 0 = Ziffer 0; Ø = Buchstabe O

Zentrales Geologisches Institut
DEB Exogeodyn. Prozesse – Rutschungen
Bearbeiter: Dat:
BA-Nr.: 1 Archivnummer:
Formblatt 3 Hydrogeolog. Parameter
Blatt von

Lochstreifennummer:
EB 1: MB 1:
EB 2: MB 2:
Untergruppenbezeichnung: ØBJEKTNAME: . . . .

Grundwasserparameter
Grundwasserspiegeltiefe (m)
1. Stauspiegel . . . .
2. . . . .
3. . . . .
4. . . . .
Hydraul. Gefälle "i"
Durchlässigkeitsbeiw "k" (m/s)
Grundwasser gespannt
Grundwasser ungespannt
. . . .
Hydrogeol Besonderheiten in der Rutschg.
Grundwasseraustrittstellen
Ergiebigkeit (l/s)
1. . . . .
2. . . . .
3. . . . .
Hydrogeol. markante Anzeichen i. Rutschgebiet
. . . .
. . . .

Hydrochem. Parameter
Mineralisation, gesamt (mg/l)
Azidität (pH-Wert)
kalkaggr. CO_2 (mg/l)
. . . .
extrem hohe Niederschläge (l/m²)
. . . .
Stauspiegelregime (m ü. NN)
. . . .

Vernässungsanzeigender Bewuchs (Art)
. . . .
Spezielle hydrogeologische Kennwerte
WD (l/min) . . . .
Sohlwasserdrücke (kp/cm²)
. . . .

Bem.:

Abb. 3. Datenerfassungsbogen — Formblatt 3 „Hydrogeologische Parameter"

die Unterteilung einer derartigen Sammeldarstellung in entsprechende Sachgebiete wie Stauanlagen, Straßen- und Bahneinschnitte und Tagebaue. Wie ein solcher Atlas aussehen könnte, zeigt ein von den Autoren erarbeiteter für das Sachgebiet Stauanlagen. Vorangestellt werden dem im Format A 2 angefertigte Atlas ausgewählte Beispiele der Rutschungstypen nach der zu benutzenden Klassifikation sowie terminologische Festlegungen für Teilbereiche und Vorgänge im Rutschkörper (siehe Einschlagtafel). Das erste Blatt jeder Rutschungsdokumentation soll die erwähnten Formblätter 1 bis 3 sowie eine allgemeine kartographische Übersicht zum Rutschgebiet im Maßstab 1:25000 mit den entsprechenden Koordinaten enthalten, die eine Übertragung in Karten kleinerer Maßstäbe ermöglichen. Auf weiteren Blättern werden der Rutschkörperumriß und Vertikalschnitte dargestellt. Hierbei sollte beachtet werden, daß jede erkannte und untersuchte Rutschung je nach ihrer Größe großmaßstäblich, z. B. im Maßstab 1:500 bis 1:10000, dargestellt wird.
Mit Ausnahme der durch anthropogene Beeinflussung ausgelösten Rutschungen, die in ihren Umrissen grün darzustellen sind, werden sämtliche Rutschungen in schwarzer Farbumrandung eingetragen. Durch Rutschungen zerstörte oder bedrohte technische Objekte sind entsprechend den genannten Klassifikationen violett einzuzeichnen. Die hydrogeologischen Verhältnisse werden durch entsprechende Symbole in schwarzer oder blauer Farbe in die kartenmäßige Darstellung übertragen.
Am Ende jeder derartigen Aufnahme und Bewertung von Hangbewegungen sollte eine photographische Dokumentation des von der Bewegung erfaßten Gebiets beigefügt werden. Den Abschluß bildet eine textliche Kurzcharakteristik.

Zusammenfassung

In diesem Beitrag handelt es sich bei den hier empfohlenen Bewertungs- und Aufnahmekriterien für Hangbewegungen auf dem Territorium der DDR ausschließlich um Rahmenrichtlinien, die Grundforderungen für ein einheitliches Vorgehen bei der Aufnahme und Bewertung von Rutschungen festlegen. Sie sind nicht als starre Vorgabe zu betrachten und demzufolge auch nicht so zu handhaben, sondern sollten nach Bedarf im Rahmen des vorgelegten Schemas ergänzt werden. Es ist das Anliegen der Verf., mit dem vorliegenden Beitrag eine Vereinheitlichung sowohl bei der Dokumentation als auch bei der Bewertung von Rutschungen anzuregen.

Резюме

Речь в этой статье идет от здесь рекомендованных критерий оценки и съемки движений склонов на территории ГДР исключительно о типовых директивах, которые устанавливают основные требования при съемке и оценке при скольжениях. Не нужно их рассмотреть и пользовать как пристальная директива, но возможно по надобности ее дополнять в рамках предложенной схемы. Желание авторов с этой статьей — оживлять унифицирование как документации так и оценки скольжений.

Summary

The criteria of evaluation and recording recommended for slope movements in the territory of the G. D. R. are exclusively skeleton guide lines provided for fixing basic requirements to be satisfied by a uniform procedure when recording and evaluating slidings. They must not be considered and operated as a rigid allowance, but will be completed as needed within the skeleton of the scheme presented. By this article the authors intend to suggest a unification of both the documentation and evaluation of slidings.

Literatur

CLEAVERS, A. B.: Landslide Investigations. – U.S. Dept. Public. Rouds Handbook (1961).
ECKEL, E. B.: Landslides and Engineering Practice. – Highway Research Board, Special Report 29, Washington D.C. 1958.
HEIM, A.: Bergsturz und Menschenleben. – Zürich 1932.
KLENGEL, K. J.; PAŠEK, J.: Zur Terminologie von Hangbewegungen. – Z. angew. Geol., 20, 3, Berlin 1974.
NEMČOK, A.; PAŠEK, J.; RYBAR, J.: Classifikation of Landslides and other Movements. – Rock Mechanics, 4, 2, Springer-Verlag, New York – Wien 1972.
PAŠEK, J.: Haupttypen und Ursachen der Hangbewegungen. – Z. geol. Wiss., 2 4, Berlin 1974.
SHARPE, C. S. F.: Landslide and related Phenomena. – New York 1938.
ZARUBA, Q.; MENCL, V.: Ingenieurgeologie. – Akademieverlag Berlin, Berlin 1961.
– Landslides and their control. – Academia Prag, Prag 1969.

Schlüssel für die im Formblatt 1 verwendeten rutschungsspezifischen Termini

Terminus	Oberbegriff	Ziffer	Begriff	Ziffer	Unterbegriff	Ziffer
Bewegungsvorgang	Kriechen	1	Tiefkriechen (Rutschkörpermächtigkeit > 20 m)	1.1	Blockbewegung	1.1.1
					Talzuschub	1.1.2
					Bergzerreißung	1.1.3
					Gravitationsfaltung	1.1.4
					Talsohlenantiklinalen	1.1.5
					Doppelgrate	1.1.6
					Hangauflockerung	1.1.7
					Sonstige (mit Bezeichnung)	1.1.8
			Flachkriechen (Rutschkörpermächtigkeit < 20 m)	1.2	Hakenschlagen	1.2.1
					flächenhafte Solifluktion	1.2.2
	Gleiten	2	Rotationsrutschung	2.1		
			Planarrutschung	2.2		
			Rotations-Planarrutschung	2.3		
	Fließen	3	Erdströme	3.1		
			Schlammströme	3.2		
			Steinströme	3.3		
			Muren	3.4		
			Sonstige	3.5		
	Fallen → Stürzen	4	Steinfall	4.1		
			Steinschlag	4.2		
			Felssturz	4.3		
			Sonstige (mit Bezeichnung)	4.4		

Terminus	Oberbegriff	Ziffer	Begriff	Ziffer
Rutschungsform*	flächenförmig	1		
	stromförmig	2		
	wulstförmig	3		
Alter	rezent	1		
	fossil	2		
Aktivität	aktiv	1		
	potentiell	2		
	stabilisiert	3		
Genese	natürlich	1	Erosion	1.1
			Abrasion	1.2
			Suffosion	1.3
			klimatogen	1.4

Formblatt 1 (Fortsetzung)

Terminus	Oberbegriff	Ziffer	Begriff	Ziffer
			Quellen	1.5
			seismogen u. neotektonisch	1.6
			Sonstige	1.7
	künstlich	2	Einschnitt	2.1
			Überlastung	2.2
			Unterschneidung	2.3
			Erschütterung	2.4
			Rohrleitungsbruch	2.5
			Aufstau	2.6
			Sonstiges	2.7
Rutschungsstadium	Anfangsstadium	1		
	fortgeschr. Stadium	2		
	Endstadium	3		
Gestein	Lockergestein	1		
	Festgestein	2		
Hangform	konvex	1		
	konkav	2		
	sonstige	3		

* zu ermitteln aus Länge:Breite; flächenförmig = 1
stromförmig = > 1
wulstförmig = < 1

Terminus	Oberbegriff	Ziffer	Begriff	Ziffer
Form der Abrißwand	bogenförmig	1		
	hufeisenförmig	2		
	geradlinig	3		
	ungleichmäßig	4		
Rutschungsoberfläche	flach	1		
	uneben	2		
	wellig	3		
	treppenförmig	4		
	gegliedert	5		
Sonstige Anzeichen	Risse	1		
	Depressionen	2		
	Säbelwuchs	3		
Stirnform	flach	1		
	gebeult	2		
	wellig	3		
	gewölbeförmig	4		
Rutschungsränder (seitlich)	deutlich	1		
	undeutlich	2		
Nutzung des Rutschungsgebietes	landwirtschaftlich	1	Feld	1.1
			Wiese	1.2
			Wald	1.3
			Ödland	1.4
	technisch	2	Straßen	2.1
			Eisenbahn	2.2
			hydrotechn. Bauten	2.3
			Industrie	2.4
			kommunale Bauten	2.5
			Leitungsnetz	2.6
Äußere Form	sichtbar	1		
	getarnt	2		
	begraben	3		

Terminus	Oberbegriff	Ziffer	Begriff	Ziffer	Unterbegr.	Ziffer
Sanierungsmaßnahmen	ohne	0				
	durchgeführt	1	Dränage	1.1	waagerecht	1.1.1
					senkrecht	1.1.2
					schräg	1.1.3
			Sickerschlitze	1.2		
			Stollen	1.3		

Formblatt 1 (Fortsetzung)

Terminus	Oberbegriff	Ziffer	Begriff	Ziffer	Unterbegr.	Ziffer
			Veränderg. d. Hangform	1.4		
			Verfestig.	1.5	Injektion	1.5.1
					elektrochem.	1.5.2
					thermisch	1.5.3
			Sützmauer	1.6		
			Vorschüttung	1.7		
			Nagelung	1.8		
			Ing. biolog. Maßnahmen	1.9		
			Betonwiderlager	1.10		
			Sonstiges	1.11		
Gleitzone (durch folgende Maßnahme/Anzahl nachgewiesen z. B. 1.5 = 5 Bohrungen)	Bohrungen	1				
	Stollen	2				
	Schächte	3				
	Schürfe	4				
	geophysikalisch	5				
	Laboruntersuchungen	6				
Geologische Kartierung	M 1: 500	1				
	M 1: 1000	2				
	M 1: 5000	3				
	M 1:10000	4				
	M 1:25000	5				
Folge u. Form der Bewegung	I. Generation	1				
	II. Generation	2				
	III. Generation	3				
	primäre	4	- im Hauptabschnitt der Bewegung entstanden			
	sekundäre	5	innerhalb oder am Rande von „4“ entstanden			

Schlüssel für das Formblatt 3

Terminus	Lokalität/Oberbegriff	Ziffer	Lokalität	Ziffer
Grundwasserspiegeltiefe	Stirn	1		
	Abrißkante	2		
	Rutschkörper			
	Mitte	3		
	rechts	4		
	links	5		
	oder Bohrungsangabe für die obige Ziffernfolge			
Grundwasseraustrittsstellen (Quellen)	Stirn	1		
	Abrißkante	2		
	Rutschkörper	3		
	seitlich	4	links	4.1
			rechts	4.2
Azidität	basisch	1		
	neutral	2		
	sauer	3		
Hydrogeologisch markante Anzeichen im Rutschgebiet	trocken	1		
	sumpfig	2		
	wasserstauende Depressionen	3		
	fließende Gewässer	4	Rutschungsrand rechts	4.1
			Rutschungsrand links	4.2
			oberhalb Krone	4.3
			im Bereich d. Stirn	4.4
			in dem Rutschgebiet	4.5
	Stausee	5		

Zeitschrift für angewandte Geologie, Bd. 24 (1978), Heft 1

Neue methodische Aspekte einer paläohydrogeologischen Analyse

HÄHNE, R., Freiberg[1])

1. Einleitung

Paläohydrogeologische Analysen gewannen in den vergangenen Jahren als Hilfsmittel zur Suche von möglichen Anreicherungen fester, flüssiger und gasförmiger Rohstoffe zunehmend an Bedeutung. HAGENDORF & TETZLAFF (1970) sowie andere Autoren erarbeiteten dazu, aufbauend auf sowjetischen Erkenntnissen aus den sechziger Jahren, eine eigene, für die spezifischen geologischen Verhältnisse im Nordteil der DDR anwendbare Methodik, die die Untersuchung folgender paläohydrogeologischer Faktorenkomplexe beinhaltet:

1) Paläohydrogeologisches Grundregime (Zeitliche und regionale Verteilung von Sedimentations- und Infiltrationsetappen);
2) Hydrogeologische Eigenschaften der Sedimente während der geologischen Entwicklungsgeschichte (Porositäten, Durchlässigkeit u. a.);
3) Entwicklung der hydrogeologischen Lagerungsverhältnisse (Verbreitung, Mächtigkeit, Grundwasserstauer- und Leiterverteilung, Teufenentwicklung, Denudation u. a.);
4) Paläoklimatische Verhältnisse (Infiltration während Zeiten verschiedener Klimata);
5) Paläohydrodynamische Verhältnisse (Fließrichtung, Fließgeschwindigkeiten der Wässer, hydraulische Verbindungen zwischen Grundwasserleitern, Ernährung und Entlastung);
6) Paläohydrochemische und paläohydrogeochemische Verhältnisse (Chemismus von Grund- und Haftwässern, Wechselwirkung Wasser — Gestein, Isotopenanalysen, Genetische Deutungen);
7) Physikalische Altersbestimmungen (He-Ar-Methode).

Daran schließt sich eine Analyse der hydrogeologischen Bedingungen für mögliche Akkumulationen geologischer Nutzstoffe mittels paläohydrogeologischer Kriterien an. HAGENDORF & TETZLAFF (1970) testeten diese Methode erfolgreich am Beispiel der Sedimente des Juras und der Kreide im NW der DDR. Als noch problematisch und methodisch ausbaufähig erwiesen sich dabei die Rekonstruktion der hydrogeologischen Eigenschaften und Lagerungsverhältnisse der Sedimente, besonders deren Mächtigkeitsentwicklung, sowie die Analyse der paläohydrodynamischen Verhältnisse. Schwierigkeiten bereitete auch die mit rezenten Beobachtungen zu koordinierende Ableitung von paläohydrogeologischen Kriterien der Rohstoffhöffigkeit.
Weiteren Arbeiten zur Analyse der Trias und von tieferen geologischen Horizonten im Nordteil der DDR blieb es vorbehalten, diese Methode zu ergänzen. Die im folgenden dargelegten neuen methodischen Aspekte einer paläohydrogeologischen Analyse beschränken sich dabei auf:

- die Veränderung der Porosität der Sedimente während der Diagenese unter Berücksichtigung lithologischer Besonderheiten;
- die Durchlässigkeiten der Gesteine, einschließlich der Kluftdurchlässigkeiten und deren hydrogeologische Wirksamkeit;
- Rekonstruktion primärer bzw. zeitvariabler Mächtigkeiten und realer Lagerungsverhältnisse durch Berücksichtigung der Porenraumreduktion;
- paläohydrogeologische Bedingungen für eine Nutzstoffanreicherung.

Die überarbeitete Methode zur Rekonstruktion paläohydrodynamischer Verhältnisse, einschließlich der Ermittlung dazu notwendiger hydrogeologischer Kennwerte, der Abschätzung hydraulischer Vorgänge im Störungsbereich und der Berechnung der Wasserabgabe (Flächenleistung) ist in KLUGE (1976), sowie HÄHNE & KLUGE (1976) ausführlich dargelegt worden.

Eingang des Manuskripts in der Redaktion: 28. 10. 1976.
[1]) Sektionsveröffentlichung Nr. 608 der Bergakademie Freiberg, Sektion Geowissenschaften, Wissenschaftsbereich Hydrogeologie

2. Die Entwicklung der hydrogeologischen Eigenschaften der Sedimente:

Um innerhalb paläohydrogeologischer Untersuchungen Aussagen über die Entwicklung der hydrogeologischen Lagerungsverhältnisse und über hydrodynamische Vorgänge während verschiedener geologischer Zeitabschnitte liefern zu können, sind Kenntnisse über die Veränderung der Porosität und Durchlässigkeit von Sedimenten und deren rezente petrographische Ausbildung notwendig. Dabei stehen z. B. Kornform, Korngröße, Bindemittel und mineralogische Zusammensetzung, der hydrogeologische Charakter der Sedimente und die Gesetzmäßigkeiten der Porenraumreduktion in Abhängigkeit von Zeit und Teufe im Betrachtungsmittelpunkt. Daraus können sowohl die primären Mächtigkeiten der Sedimente und die bei der Diagenese freiwerdenden Wassermengen berechnet, als auch Betrachtungen über Fließrichtung und -geschwindigkeit der unterirdischen Wässer angestellt werden.

Die Veränderung der Porosität während der Absenkung der Sedimentkomplexe

Eine diagenetische Porenraumreduktion wird durch den Belastungsdruck, der mit der Teufe anwächst und einer mit der Absenkung auftretender Umkristallisation instabiler Minerale hervorgerufen. Der Prozeß der Porenraumreduktion wird unter konstanten p-t-Bedingungen kaum einen beizubehaltenden Endwert erreichen. Aufgrund des komplexen Wirkens der drei Faktoren Druck, Temperatur und Zeit müßte sich ein dynamisches Gleichgewicht einstellen, das für die Größe des Porenraums unter bestimmten Bedingungen ausschlaggebend ist. Bei Aufhebung dieses Gleichgewichts würde der Porenraum gegen Null streben. Dieser Vorgang zeichnet somit kontinuierlich den Übergang Diagenese—Metamorphose nach.
Daraus ergibt sich, daß die Rekonstruktion der Veränderung der Porosität während der Diagenese bei paläohydrogeologischen Betrachtungen nach folgendem Lösungsweg vorgenommen werden sollte:

— Ausgliederung lithologisch-sedimentpetrographischer Gruppen und Zuordnung von Porositätswerten,
— Einordnung der Porositätsdaten eines stratigraphischen Horizonts in ein Einheitsprofil mittlerer Teufen,
— Annahme von Anfangsporositäten für geringe Teufen,
— Konstruktion von Porositäts-Teufen-Kurven.

Beispiel

Für das Mesozoikum des Mitteleuropäischen Beckens sind Gesteinskomplexe typisch, deren lithologische Zusammensetzung vertikal und horizontal intensiv variiert. Eine Gruppierung in:

— Tonstein,
— Tonsandstein,
— toniger Sandstein (Typ Mittlerer Buntsandstein — T 1.2),
— Quarzsandstein,
— karbonatischen Sandstein und
— sandigen Kalkstein

ist daher notwendig, zumal eine Konstruktion der Porositäts-Teufen-Kurven für jeden stratigraphisch und lithologisch spezifischen Sedimentkomplex technisch kaum optimal erscheint.
Der Unterschied dieser Gruppen liegt in den verschiedenen SiO_2-, Al_2O_3- und $CaCO_3$-Anteilen in den Sedimenten begründet (Tab. 1).

Tabelle 1.

Gestein (Beispiel Trias)	SiO_2 (%)	Al_2O_3 (%)	$CaCO_3$ (%)
Tonstein	53	17	30
Tonsandstein	57	15	28
toniger Sandstein	74	6	20
Quarzsandstein	90	5	5
karbonatischer Sandstein	60	10	30
sandiger Kalkstein	50	15	35

Die Porosität der Gesteine ist jedoch stark teufenabhängig. Deshalb werden die entsprechenden Daten auf ein Einheitsprofil bezogen, um eine relativ einheitliche Abhängigkeit Porosität — Teufe und ihre tektonisch bedingten Abweichungen zu erhalten.

Da die Sedimente durch tektonische Vorgänge während der geologischen Geschichte in ihrer Teufenlage oftmals sekundär beeinflußt wurden, müssen für weitere Konstruktionen Porositätswerte aus der Umgebung von Lokalstrukturen eliminiert werden.
Das Einheitsprofil demonstriert so die durchschnittliche Teufenlage bei relativ horizontaler, von der Halokinese nur wenig beeinflußter Lagerung der Sedimentkomplexe. Bei einer Korrelation dieser Porositätsdaten mit solchen aus Gebieten intensiverer tektonischer Aktivität sind gegebenenfalls größenordnungsmäßige Aussagen über Hebungsbeträge sekundärer Art möglich.

In Abb. 1 sind Kurven der Abhängigkeit Porosität — Teufe für die oben angegebenen Sedimenttypen der Trias dargestellt. Daraus ist ersichtlich, daß Tonsteine die weitaus größte Porenraumreduktion erfahren. Die Anfangsporosität von ca. 80% reduziert sich in etwa 4000 m Teufe auf

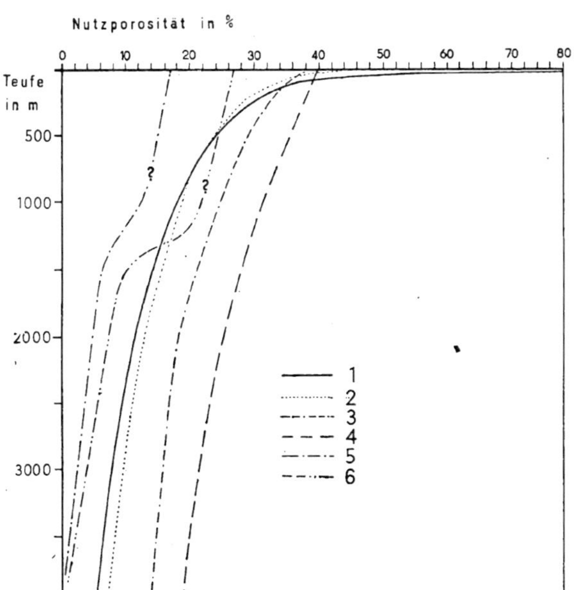

Abb. 1. Abhängigkeit Porosität — Teufe bei mesozoischen Sedimenten im Nordteil der DDR
1 — Tonstein, 2 — Tonsandstein, 3 — Sandstein Typ 1.2, 4 — Quarzsandstein, 5 — sandiger Kalkstein, 6 — karbonatischer Sandstein

nur ca. 5%. Der Kurvenverlauf der verschiedenen Sandsteintypen differiert in Abhängigkeit vom SiO_2-$CaCO_3$-Anteil sehr intensiv. Für eine relativ exakte Rekonstruktion der jeweils größten Teufenlage der Sedimente ist daher eine genaue Bestimmung der petrographischen Zusammensetzung unabdingbar. Die auffällige Krümmung der Kurven für Sandstein im Bereich von 1500 bis 2500 m ist auf das verstärkte Einsetzen von Drucklösungsprozessen in diesen Teufen zurückzuführen. Die rasche Porositätsabnahme zwischen ca. 1300 m und 1400 m bei karbonatischen Gesteinen wird durch die teilweise Dolomitisierung des kalzitischen Materials hervorgerufen (FLÖTGEN 1974).

Die Durchlässigkeit und deren Veränderung während der geologischen Geschichte

Eine möglichst genaue Bestimmung des k_f-Werts ist eine Grundbedingung für die Klärung der Grundwasserbewegungen in den Grundwasserleitern und Grundwasserstauern (HÄHNE & KLUGE 1976). Besondere Beachtung muß dabei der Kluftdurchlässigkeit geschenkt werden, da diese im Mesozoikum größerer Teufen von ausschlaggebender Bedeutung für Menge und Geschwindigkeit eines Transportes gasförmiger und flüssiger Medien in den Sedimenten des Mitteleuropäischen Beckens sein dürfte.
Maßgeblich für die Rekonstruktion der primären und sekundären Durchlässigkeit ist die Gegenüberstellung Porosität — rezenter k-Wert — Teufenlage — primärer k-Wert.

Beispiel

a) Für die Sandsteine des T. 1.2 (Tonsandsteine, Tonige Sandsteine, Quarzsandsteine) im Mitteleuropäischen Becken mit einem durchschnittlichen entwässerbaren Porenvolumen von ca. 12% kann ein Durchlässigkeitsbeiwert von durchschnittlich $3 \cdot 10^5$ m/s angenommen werden (Abb. 2). Damit liegt dieser Wert als Folge der dichteren Packung der Sandsteine durch diagenetische Prozesse um ein bis zwei Größenordnungen niedriger als der k-Wert der entsprechenden Lockergesteine. Es ist jedoch darauf hinzuweisen, daß eine sekundäre tektonische Beanspruchung des Gesteins zu z. T. erheblich größeren Gebirgsdurchlässigkeiten führen kann, die bei paläohydrodynamischen Rekonstruktionen beachtet werden müssen. Es ergaben sich z. B. nach MATTHESS (1970) für den Buntsandstein Transmissivitäten zwischen 10^{-3} und 10^{-4} m^2/s. Die berechnete Gesteinsdurchlässigkeit erreichte dabei aber nur 20% der tatsächlich gemessenen Gebirgsdurchlässigkeit. HAUTHAL (1967) beschreibt an Gesteinen des T 1.2 Thüringens Gesteinsdurchlässigkeiten, die nur 3 bis 5% der Gebirgsdurchlässigkeiten ausmachen.

b) Die Durchlässigkeitsbeiwerte von Tonstein, z. B. des T 1, schwanken in Abhängigkeit von Sand- und Karbonatanteil zwischen 10^{-8} und 10^{-10} m/s und liegen im Zentrum des Mitteleuropäischen Beckens z. B. noch darunter. Nach KLUGE (1973) kann es noch bei k-Wert-Differenzen zwischen Grundwasserleiter und -stauer von etwa 10^{-5} m/s zu vertikalen Grundwassermigrationen durch geringmächtige geringpermeable Schichten kommen. So sind z. B. die Tonsteinhorizonte T 1.2. im regionalen Sinn als durchlässig zu werten, d. h., der gesamte T 1.2. ist für paläohydrodynamische Rekonstruktionen als einheitlicher Grundwasserleiter zu betrachten.

c) Die Permeabilitäten von Kalkstein schwanken nach MATTHESS (1970) zwischen 1 d (dichte Kalksteine) und mehreren tausend d (grobe Brekzien). Die Volumenreduktion durch Dolomitisierung führt zu erheblichen Durchlässigkeitsverminderungen auf weit unter 400 md (DAVIS & DE WIEST 1967). Auch bei Karbonatgesteinen ist die Gebirgsdurchlässigkeit z. T. ein Vielfaches höher als die Gesteinsdurchlässigkeit (FLÖTGEN 1974).
Für die Kalksteine der Trias z. B. sind k-Werte um 10^{-6} m/s typisch.

d) Besonderen Einfluß auf die paläohydrodynamischen Verhältnisse in mesozoischen Grundwasserleitern des Mitteleuropäischen Beckens üben neben der Morphologie und Durchlässigkeit besonders lineare tektonische Elemente aus; denn

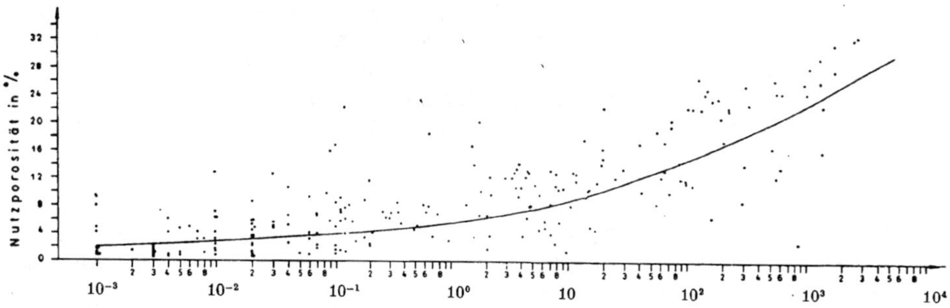

Abb. 2. Beziehungen zwischen Porosität und Permeabilität in triassischen Sedimenten des Untersuchungsgebiets

vorwiegend im Bereich dieser Störungszonen sind Grundwasserzuflüsse in geologischen Zeiträumen aus dem Liegenden bzw. Entlastungen in das Hangende anzunehmen. Während aktiver tektonischer Zeiten dürfte eine Grundwasserzirkulation in vertikaler Richtung über Störungen sehr, während Zeiten tektonischer Ruhe wenig wahrscheinlich sein. Die Trennfugendurchlässigkeit als entscheidender Faktor der Wasserdurchlässigkeit tieflagernder Gesteine nimmt im allgemeinen mit der Teufe ab (MATTHESS 1970). Es bleiben Störungen größeren Ausmaßes bedeutsam. Dabei führen Zerrungsbewegungen eher zu klaffenden Klüften als Pressungserscheinungen und damit auch zu wasserwegsamen Systemen innerhalb sonst gering durchlässiger Schichten. Entscheidenden Einfluß auf die Möglichkeit von Grundwasserbewegung und -austausch üben dabei möglicherweise Kluftkreuze, die hydraulisch untereinander in Verbindung stehen, und Kluftfüllungen aus. SEILER (1968) weist auf Möglichkeiten einer Abdichtung von Klüften durch Ton, Quarzit, Kalzit und mylonisiertes Material hin. Bei bindemittelarmen Sandsteinen ist dagegen über längere Zeiträume eine lösende Wirkung des Grundwassers innerhalb von Klüften denkbar. Auch hochmineralisierte Wässer, besonders die, in denen ein hoher Anteil metallischer Ionen gelöst ist, können das umgebende Gestein imprägnieren und damit Klüfte durchlässiger gestalten.
Eine Berücksichtigung hydraulischer Vorgänge an Störungen, einschließlich der Annahme von k-Werten im Störungsbereich, ist, unabhängig von der Unsicherheit der Aussagen, für paläohydrodynamische Rekonstruktionen notwendig.

e) Im Ergebnis derartiger Betrachtungen können für die in Tab. 1 angeführten Sedimente primäre k-Werte größenordnungsmäßig ausgegliedert werden.

Tab. 2 stellt die Abhängigkeit der Permeabilität und verschiedener Gesteine von der Teufe dar (HOFMANN 1971).
Für die mittel- bis feinkörnigen mesozoischen Sandsteine können somit je nach Tonanteil primäre Gebirgsdurchlässigkeitsbeiwerte von ca. 10^{-3} bis 10^{-5} m/s angenommen werden. Das Maß der Verringerung der Durchlässigkeit hängt u. a. von der Absenkungsgeschwindigkeit und der Teufenlage der Sedimente ab. Das trifft besonders für die triassischen Tonsteine zu, deren primären k-Werte in Abhängigkeit vom Sandanteil der jeweiligen Schicht etwa bei 10^{-7} bis 10^{-10} m/s gelegen haben dürften.

3. Rekonstruktion primärer bzw. zeitvariabler Mächtigkeiten sowie realer Lagerungsverhältnisse unter Berücksichtigung der Porenraumreduktion

Die Rekonstruktion der hydrogeologischen Lagerungsverhältnisse in Raum und Zeit basiert im wesentlichen auf der Auswertung paläogeographischen und geologischen Unterlagenmaterials. Die Abgrenzung von tieflagernden Grundwasserleiter- und -stauerkomplexen erfolgt nach lithologisch-petrophysikalischen Gesichtspunkten, d. h. nach dem Wasserleitvermögen der Gesteine. So sind Sandsteine sowie Sandstein—Tonsteinwechsellagerungen im allgemeinen als Grundwasserleiter, Tonsteine als Grundwasserstauer aufzufassen. Karbonatische Sedimente können je nach Teufenlage und sekundärer Beanspruchung grundwasserleitende oder grundwasserstauende Eigenschaften aufweisen.
Tonsteinschichten relativ geringer Mächtigkeit müssen über geologische Zeiträume hinweg als wasserdurchlässig angesehen werden. Innerhalb von Grundwasserstauerkomplexen übertreffen Diffusionsgeschwindigkeiten oft die Strömungsgeschwindigkeiten der unterirdischen Wässer (KLUGE 1973). Der vertikale Diffusionsstrom wird größtenteils durch die Zunahme der Mineralisation der Wässer mit der Teufe hervorgerufen.
Für die an die Trennung von Grundwasserleiter- und -stauerkomplexen anschließende Rekonstruktion der realen zeitvariablen Lagerungsverhältnisse im Rahmen paläohydrogeologischer Analysen wird folgender Lösungsweg als günstig erachtet:

- Konstruktion von Profilen der hydrogeologischen Lagerungsverhältnisse für verschiedene Zeitabschnitte mit Hilfe rezenter Mächtigkeiten,
- Ableitung von Porositäts—Teufen-Beziehungen (vgl. Abschnitt 2),
- Berechnung der teufen- bzw. zeitabhängigen Porositäten und damit der primären und zeitvariablen Mächtigkeiten der Sedimente,
- Ausgliederung von Kurven der Mächtigkeitsreduktion,
- Konstruktion von Profilschnitten der realen hydrogeologischen Lagerungsverhältnisse.

Beispiel

a) Zur Charakterisierung der Entwicklung der hydrogeologischen Lagerungsverhältnisse werden zunächst Profile mit rezenten Mächtigkeiten konstruiert. Als Hilfsmittel dazu dienen lithologisch-paläogeographische Karten mit nicht erosionsbeeinflußten Mächtigkeiten und Tiefenlinienkarten. Die Konstruktion erfolgt für bestimmte geologische Abschnitte, ausgehend vom rezenten Profil unter Weglassen des jeweiligen Hangenden bis zum gewählten Zeitabschnitt und Angleichung des Liegenden an NN. Zur Kontrolle ist eine entgegengesetzte Konstruktionsfolge, d. h. von der Ablagerung ältester zu betrachtender Sedimentkomplexe ausgehend und beim rezenten Profil endend, sinnvoll. Damit ist es auch möglich, sekundäre Erosionen teilweise zu berücksichtigen. Zur Vereinfachung der Profilkonstruktion sind Zeitabschnitte zu wählen, die mit

Tabelle 2

	300—500 m	500—1000 m	1000—2000 m	2000—4000 m
Quarzsandstein	10^{3}	10^{2}—10^{3}	10^{1}—10^{2}	10^{1}—10^{0}
Tonsandstein	10^{-1}	10^{-2}—10^{-1}	10^{-3}—10^{-2}	10^{-4}—10^{-3}
Tonstein	10^{-2}	10^{-3}—10^{-2}	10^{-4}—10^{-3}	10^{-5}—10^{-4}
Kalkstein	10^{-2}—10^{-1}	10^{-4}—10^{-2}	10^{-6}—10^{-4}	10^{-6}

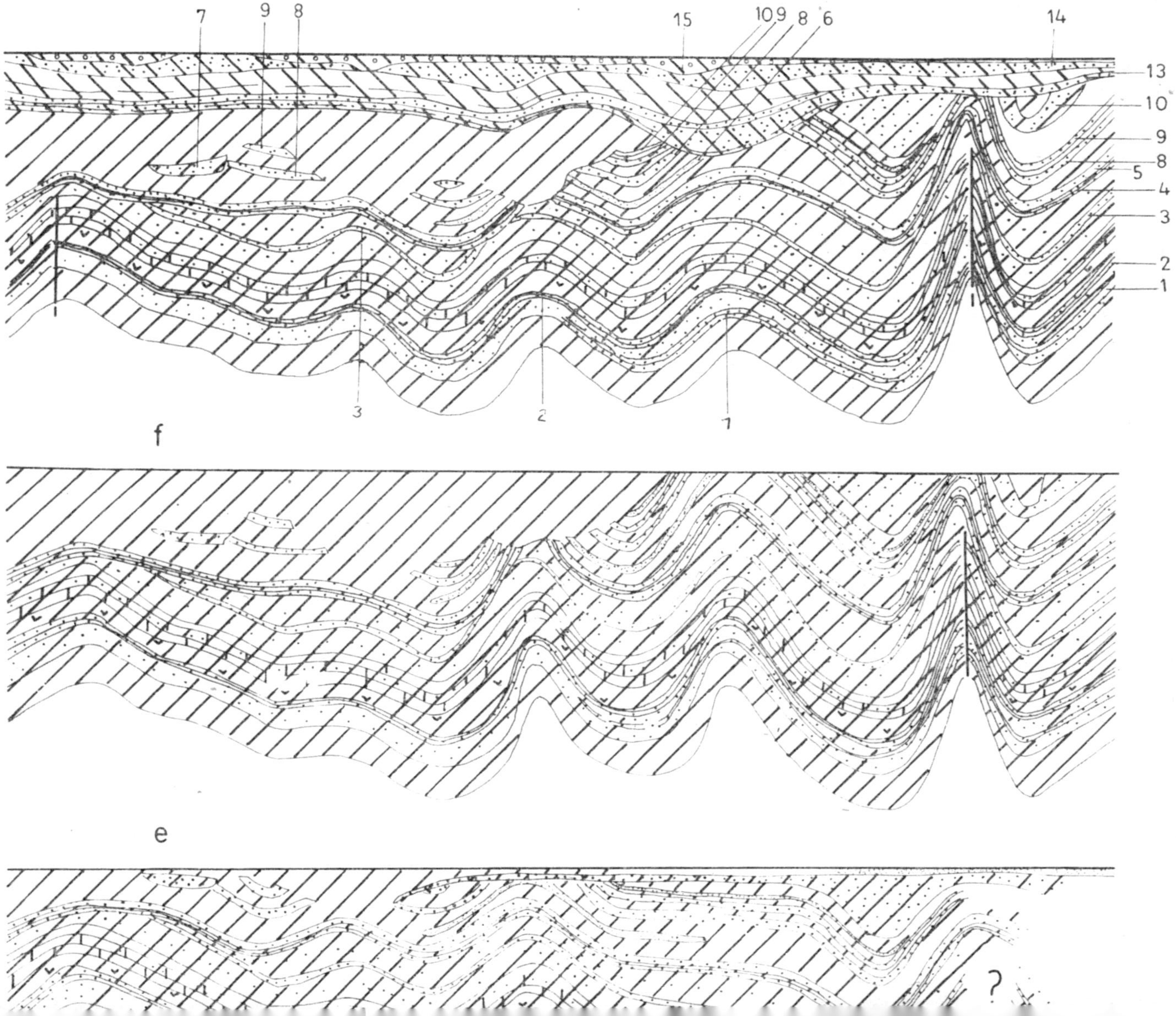

7
9
8
15
10 9 8 6
14
13
10
9
8
5
4
3
2
1
3
2
1
f
e
?

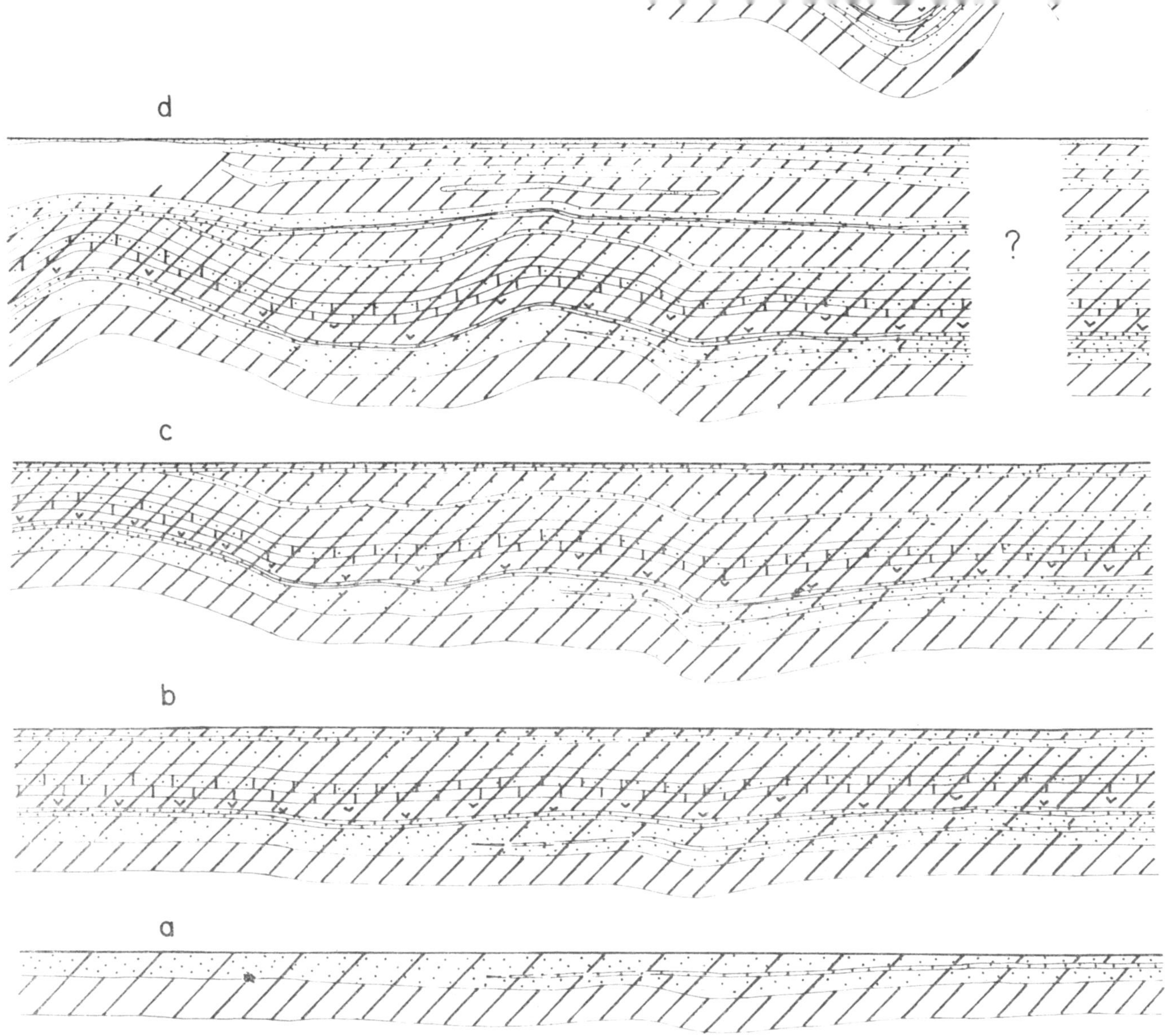

Abb. 3. Paläohydrogeologisches Profil mit rezenten Mächtigkeiten Grundwasserleiter im N der DDR

Hydrogeologische Lagerungsverhältisse:

a — vor Solling-Folge
b — vor Steinmergelkeuper,
c — vor Lias,
d — zur Zeit des Korallenooliths,
e — vor Oberkreide,
f — vor Paläogen,
g — rezent,

Zahlen am Profil g (rezent):
1 — Detfurt — Sandstein, 2 — Solling-Sandstein, 3 — Schilfsandstein, 4 — Rät, 5 — Hettang, 6 — Domer, 7 — Toarc, 8 — Aalen, 9 — Bathon — Bajoc, 10 — Korallenoolith, 11 — Wealden-Valangin, 12 — Hauterive-Barrême, 13 — Eozän, 14 — Miozän, 15 — Quartär

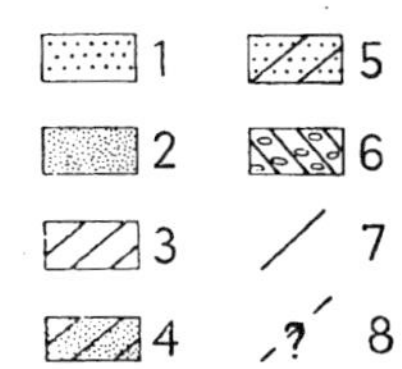

Legende: 1 — Grundwasserleiter großer Verbreitung; 2 — Grundwasserleiter geringer Verbreitung; 3 — Grundwasserstauer; 4 — Wechsellagerung von Grundwasserstauern und geringmächtigen Grundwasserleitern, sandiger Tonstein; 5 — Wechsellagerung von Grundwasserleitern und geringmächtigen Grundwasserstauern, toniger Sandstein; 6 — Wechsellagerung von Grundwasserstauern und Grundwasserleitern im Quartär; 7 — Störung; 8 — Störung fraglich

Maßstab: Längen 1:600000, Höhen 1:50000

Zeitschrift für angewandte Geologie, Bd. 24 (1978), Heft 1

Transgressionszeiten bzw. Zeiten großräumiger Veränderung der hydrogeologischen Lagerungsverhältnisse zu parallelisieren sind (Abb. 3).

b) Um die realen Mächtigkeiten der Sedimente zu erhalten, ist die in Abschnitt 2 geschilderte Konstruktion von Kurven der Abhängigkeit Porosität — Teufe erforderlich, da sich diagenetische Prozesse vor allem in einer Verringerung des Porenraums und damit der Reduktion der primären Mächtigkeiten ausdrücken. Die Berechnung der Mächtigkeitsreduktion erfolgt auf der Grundlage der Beziehung

$$n = \frac{V - V_t}{V}$$

Setzt man z. B. ein Sedimentpaket von 1 m^2 Grundfläche, einer Mächtigkeit von 1 m (Volumen 1 m^3) und einer Porosität von 0,5, also einem Feststoffvolumen von 0,5 m^3 voraus, und verändert sich z. B. die Porosität des Pakets durch die Diagenese auf 0,286, so beträgt die Mächtigkeit unter Beibehaltung des Feststoffvolumens nur noch 0,7 m. Unter Verwendung von Porositäts—Teufen-Beziehungen ist es daher möglich, für alle in Tab. 2. dargestellten Sedimenttypen die Veränderung der Mächtigkeit beim Absenkungsvorgang zu berechnen.

Die aus Abb. 4 ersichtlichen Kurven zur Berechnung der Mächtigkeitsreduktion, beispielsweise von Tonsteinen, beziehen sich jeweils auf 10, 20, 25, 50, 100 und 200 m mächtige Sedimentpakete. So wies z. B. eine heute in 3000 m Teufe lagernde 100 m mächtige Tonsteinschicht des T 1.1. (Porosität ca. 8%) während des T 1.2. in einer Lagerungsteufe von 500 m (Porosität ca. 24%) eine ursprüngliche Mächtigkeit von 122 m auf. Auftretende Fehler resultieren aus der Konstruktion der Porositäts — Teufenbeziehungen, da kaum Angaben über maximale Versenkungsteufen vorhanden sind, sowie aus der Sedimenttypisierung. Dieser Fehler könnte durch eine möglichst genaue Bestimmung der petrographischen und chemischen Zusammensetzung der Sedimente (z. B. SiO_2-Anteil) eingeschränkt werden.

c) An die Mächtigkeitsreduktion schließt sich die Profildarstellung der realen hydrogeologischen Lagerung an. Ziel dieser Darstellungsweise ist es, herauszufinden, ob die Reduktion der Mächtigkeit der Grundwasserleiter- und Grundwasserstauerkomplexe im Verlauf der geologischen Entwicklung eine wesentliche Änderung der hydrogeologischen Lagerungsverhältnisse hervorruft. Bei sandigen triassischen Sedimenten führt eine Kompaktion von der Ablagerungszeit bis heute lediglich zu einer geringen Mächtigkeitsreduktion von etwa 150 m bei einer Gesamtmächtigkeit der Sandsteinhorizonte von durchschnittlich 1000 m.

Eine größere Mächtigkeitsveränderung ist bei tonigen Sedimenten zu beobachten. Allein die tonigen Gesteine des T 1.1. und T 1.2. waren zu Beginn des T 1.3. bei einer Gesamtmächtigkeit von durchschnittlich 750 m etwa 150 m mächtiger als heute (600 m).

Bei einer rezenten Gesamtdurchschnittsmächtigkeit des Meso- und Känozoikums von 2800 m z. B., ist dabei jedoch nur eine Mächtigkeitsreduktion von 200 m festzustellen, da die Porenraumreduktion bei Teufen größer als 500 m relativ gering ist und rezente und primäre Mächtigkeit nur noch wenig differieren. Es ist zu erkennen, daß gegenüber den Darstellungen mit rezenten Mächtigkeiten (Abb. 3) keine bedeutenden Abweichungen der hydrogeologischen Lagerung auftreten. Damit genügt für die Konstruktion paläohydrogeologischer Profilschnitte die Verwendung der rezenten Mächtigkeiten, um größenordnungsmäßige Aussagen über die Lagerungsentwicklung liefern zu können. Auf die zeitaufwendige Berechnung der realen Lagerungsverhältnisse kann hierbei verzichtet werden.

4. Paläohydrogeologische Bedingungen für eine Nutzstoffanreicherung

Endziel der paläohydrogeologischen Analyse ist die Ableitung begründeter Vorstellungen über die Bildung, Erhaltung und Zerstörung geologischer Nutzstoffe mittels paläohydrogeologischer Kriterien in Raum und Zeit. An dieser Stelle sollen nur die Kriterien betrachtet werden, die auf das Vorhandensein von Kohlenwasserstofflagerstätten hindeuten. Während im jüngeren Mesozoikum des Mitteleuropäischen Beckens die organische Substanz größtenteils durch Auspressung von Sedimentationswässern aus Ton- bzw. Muttergesteinen migriert und später akkumuliert wird, sind für eine Kohlenwasserstoffanreicherung in der Trias vor allem tektonische und hydrodynamische Prozesse entscheidend, da das ältere Mesozoikum als nahezu muttergesteinsfrei gilt.

Eine Zerstörung der Kohlenwasserstoffakkumulation erfolgt nach Kartsew (1969) vorwiegend während der Infiltrationsetappen, entweder auf mechanische Weise (Kohlenwasserstoffe werden im schwebenden Zustand weggetragen) bzw. physikochemisch (Lösungsprozesse), chemisch (Oxidation durch O_2 und Sulfate) oder biochemisch (Bakterienzufuhr).

Aus der Analyse der paläohydrogeologischen Faktoren können folgende paläohydrogeologische Kriterien für eine Kohlenwasserstoffanreicherung abgeleitet werden:

A Für Bildung und Erhaltung von Kohlenwasserstofflagerstätten sprechen:

1. *Aus dem paläohydrogeologischen Grundregime*

a) möglichst viele langanhaltende Sedimentationsetappen, da es nur in diesen Zeiten zur Ablagerung von Grundwasserstauern kam, die in der Lage waren, mögliche Speicher wirksam gegen vertikalen Infiltrationseinfluß abzuschirmen bzw. nach dem Eindringen von Kohlenwasserstoff in den Grundwasserleiter eine Zerstörung dieser Akkumulationen zu verhindern;

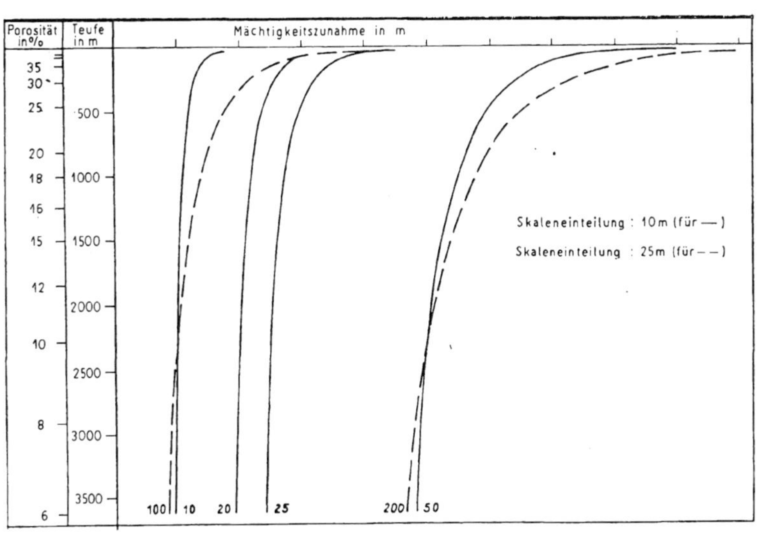

Abb. 4. Kurven zur Berechnung der Mächtigkeitsreduktion von Tonstein (Kurven mit Angabe der Mächtigkeit in m)

b) eine lange zeitlich letzte Sedimentationsetappe, da es infolge der aktiven Tektonik besonders in jüngster Vergangenheit zur Zerstörung der Kohlenwasserstofflagerstätten im Festlandsbereich (Infiltrationszone) kam;

c) räumlich weite Verbreitung von Gebieten mit Sedimentationsetappen, da nur hier reduzierende Bedingungen zur Erhaltung von Kohlenwasserstoff bestehen blieben;

d) wenige und kurzzeitige Infiltrationsetappen mit geringem räumlichen Ausmaß. Obwohl es auch da zur tiefgreifenden Erosion gekommen sein kann, stellten besonders Infiltrationsetappen, die sich zeitlich lange nach der Ablagerung des zu betrachtenden Leiters herausbildeten, eine geringere Gefahr für eine Kohlenwasserstoffzerstörung als länger anhaltende und zeitlich unmittelbar auf die Leiterablagerung folgende Infiltrationszeiten dar.

2. Aus der Entwicklung der hydrogeologischen Eigenschaften:

a) das Vorhandensein von gut durchlässigen Grundwasserleitern, d. h. günstige Transportwege für Tiefenwässer und der darin gelösten Gase;

b) Abdeckung der Grundwasserleiter mit schlecht permeablen Sedimenten, die eine Kohlenwasserstoffmigration in das Hangende verhindern;

c) eine homogene Ausbildung der Grundwasserleiter, als Bedingung für eine weiträumige laterale Migration;

3. Aus der Veränderung der hydrogeologischen Lagerungsverhältnisse:

a) homogene Lagerung des Grundwasserleiters ohne großräumige hydraulische Verbindungen mit hangenden Speichern;

b) keine wesentlichen Oberflächenanschnitte des Leiters, besonders nach der Bildung der Kohlenwasserstoffakkumulationen;

c) Beständigkeit abdeckender Ton- oder Salinarkomplexe in Raum und Zeit;

d) große Entfernung von Ausstrichbereich des Grundwasserleiters am Beckenrand, da auch bei randlichem Eindringen von Infiltrationswässern ein Überwiegen des Süßwasseranteils am Tiefenwasser bei großem Abstand zur Infiltrationszone kaum möglich ist;

e) gute Verbindungsmöglichkeiten zu perspektivischen Mutter- oder Speichergesteinen anderer Formationen über Störungen oder sehr geringmächtige Salinar- oder Tonsteinkomplexe.

4. Aus den paläoklimatischen Verhältnissen:

niedrige Versickerungsmenge, bedingt durch geringe Niederschläge und schlechte Versickerungsbedingungen;

5. Aus den paläohydrodynamischen Verhältnissen:

a) eine Dominanz des Sedimentationsdrucksystems, bei dem hochmineralisierte Tiefenwässer zum Beckenrand hin bewegt werden und ein Eindringen von Infiltrationswässern verhindern;

b) eine möglichst geringe Bewegungsgeschwindigkeit der unterirdischen Wässer während des Infiltrationsdrucksystems und, im Zusammenhang damit, niedrige Strömungsraten, also auch geringe Möglichkeiten des Vordringens meteorischer Wässer;

c) Vorkommen verdeckter Entlastungszonen, die ein Abströmen von gasgesättigten Tiefenwässern in Grenzen halten und gleichzeitig Voraussetzung für ein Druckgefällle aus dem Liegenden sind;

d) intensiver Zustrom von Wässern aus anderen kohlenwasserstoffhöffigen Grundwasserleitern auf Grund vorhandener Druckgefälle;

e) eine hohe Sedimentationswasseraustauschintensität und geringe Infiltrationsintensitäten, also eine nur geringe Möglichkeit des Eindringens meteorischer Wässer;

f) großer Abstand des Betrachtungsraums von großflächigen Infiltrationszonen (mindestens 30–50 km).

6. Aus den paläohydrochemischen Verhältnissen:

a) ein primär mariner Charakter der Tiefenwässer mit hohen Gehalten an K^+, Br^-, J^- usw.;

b) geringe SO_4-Gehalte, die meistens Oxidationsanzeiger durch Infiltrationswässer sind;

c) günstige, der primären Meerwasserzusammensetzung ähnliche Isotopenvariationen.

7. Ergebnisse der physikalischen Altersbestimmung

können darüber hinaus auf eine mögliche sekundäre Beeinflussung durch Wässer aus dem Liegenden oder Hangenden bzw. von der Oberfläche in den zu betrachtenden Grundwasserleiter hinweisen.

B Für die Zerstörung von Kohlenwasserstoffakkumulationen sprechen dagegen etwa die reziproken Bedingungen von A

Dazu kommen etwa folgende Kriterien:

a) eine besonders lange letzte Infiltrationsetappe mit großer regionaler Verteilung;

b) Vorherrschen inhomogener und schlecht abgedichteter Grundwasserleiter;

c) hydraulische Verbindungen vom zu betrachtenden Grundwasserleiter zur Oberfläche über Störungen oder Oberflächenanschnitte;

d) hohe Versickerungsfreundlichkeit mit beachtlichen Wassermengen;

e) Vorkommen offener Entlastungszonen, durch die gasreiche Tiefenwässer an die Oberfläche migrieren können;

f) hohe Infiltrationsintensitäten;

g) primär limnischer Charakter der Tiefenwässer;

h) hohe SO_4-Gehalte;

i) Alter, die auf Eindringen der Wässer während Infiltrationsetappen hinweisen.

Zusammenfassung

Aufbauend auf bisherigen paläohydrogeologischen Arbeiten sowjetischer und DDR-Autoren werden methodische Ergänzungen und Weiterentwicklungen, besonders für die Rekonstruktion der Entwicklung der hydrogeologischen Eigenschaften und Lagerung der Sedimente während der geologischen Geschichte dargestellt sowie am Beispiel des Mesozoikums des Mitteleuropäischen Beckens erläutert. Großer Wert wird dabei auf eine Bestimmung der realen Mächtigkeiten unter Berücksichtigung der Porenraumreduktion gelegt. Eine zusammenfassende Darstellung von paläohydrogeologischen Kriterien einer Nutzstoffanreicherung bzw. -zerstörung wird gegeben.

Резюме

Исходия из прежных палеогидрогеологических работ советских и авторов ГДР, представляются методические дополнения и дальнейшие развития, особенно для реконструктции развития гидрогеологических свойств и залегания осадочных пород во время геологической истории. Они также объясняются на примере мезозоя Средне-европейской впадины. Большое внимание уделяется при этом определению реальной мощности при учете уменьшения порового пространства. Дается сводное изображение палеогидрогеологических критериев аккумуляции или же разрушения полезных компонентов.

Summary

Based on palaeohydrogeological studies so far made by authors from the Soviet Union and the G. D. R., methodical supplements and further developments are described, in particular as far as a reconstruction of the development of hydrogeological properties and sedimentation during the geological history is concerned, with the Mesozoic of the Central European basin serving as an example of explanation. Great emphasis is placed on determining real thicknesses, with a reduction of the pore space taken into account. The palaeohydrogeological criteria of an enrichment and destruction of useful materials are reviewed.

Literatur

ATHY, L. F.: Density, porosity and compaction of sedimentary rocks. – Amer. Assoc. Petrol. Geol. Bull., 14, 1, 1–23, Tulsa 1930.

BANKWITZ, P.: Rezente Krustenbewegungen. In: Grundriß der Geologie der DDR. – 421–425, Akademie-Verlag, Berlin 1968.

DAVIS, S. T.; DE WIEST, R. J. M.: Hydrogeologie. – Wiley & Sons, New York–London–Sydney 1967.

FLÖTGEN, F.: Paläohydrogeologische Analyse der Sedimente des Zechsteins und Buntsandsteins in Nordostmecklenburg und Rügen. – Diss. BA Freiberg, Freiberg 1974.

GAWRILOW, W. P.: Tiefenbrüche und Kohlenwasserstofflager. – Z. angew. Geol., 17, 10, 410–413, Berlin 1971.

HAGENDORF, U.; TETZLAFF, U.: Ermittlung paläohydrogeologischer Kriterien für mesozoische Ablagerungen (Jura, Kreide) am Beispiel der Altmark und SW-Mecklenburgs. – Diss. BA Freiberg, Freiberg 1970.

HÄHNE, R.: Paläohydrogeologische Analyse triassischer Sedimente im Gebiet der Altmark und Südwestmecklenburgs unter besonderer Berücksichtigung des Buntsandsteins. – Diss. BA Freiberg, Freiberg 1972.

HÄHNE, R.; KLUGE, W.: Rekonstruktion paläohydrodynamischer Verhältnisse des Buntsandsteins im Mitteleuropäischen Becken mit Hilfe der Elektroanalogie. – Z. angew. Geol., 22, 12, 574–583, Berlin 1976.

HAUTHAL, U.: Zum Wasserleitvermögen von Gesteinen des Mittleren Buntsandsteins. – Z. angew. Geol., 13, 8, 405–407, Berlin 1967.

HOFMANN, H.: Untersuchungen über die Beeinflussung hydrodynamischer Aussagen durch Größe und Veränderung petrophysikalischer Parameter im Verlaufe der Diagenese. – Diplomarb. BA Freiberg, Freiberg 1971.

KARTSEW, A. A. u. a.: Paleogidrogeologija. – Isdat. Nedra, Moskau 1969.

KLUGE, W.: Methodische und praktische Untersuchungen zur Rekonstruktion paläohydrodynamischer Verhältnisse. – Diss. BA Freiberg, Freiberg 1973.

MATTHESS, G.: Beziehungen zwischen geologischem Bau und Grundwasserbewegungen in Festgesteinen. – Abh. hess. Landesamt Bodenforsch., 58, 105 S., Kassel 1970.

NESTEROW, J. N.: Uplotnenie glinistich porod. – Sow. Geol., 8, 12, 69–80, Moskau 1965.

SEILER, K. P.: Kluft- und Porenwasser im Mittleren Buntsandstein des südlichen Saarlandes. – Geol. Mitt., 9, 75–76, Aachen 1969.

SICHTING, M.: Untersuchungen zur paläohydrogeologischen Rekonstruktion der Parameter und Lagerungsverhältnisse triassischer Grundwasserleiter- und -stauerkomplexe. – Diplomarb. BA Freiberg, Freiberg 1971.

SKEMPTON, A. W.: The consolidation of clays by gravitational compaction. – J. geol. Soc. London, 125, 373–412, London 1970.

^{32}Si-Verluste bei Grundwasserdatierungen mit natürlichem ^{32}Si

FRÖHLICH, K.; KATER, R., Freiberg

1. Einleitung

Natürliches ^{32}Si entsteht bei der Spallation atmosphärischen Argons durch die Nukleonenkomponente der kosmischen Strahlung. Nach der Bildung oxidiert es zu $^{32}SiO_2$ und lagert sich an Aerosole an. Aus der Atmosphäre wird es im wesentlichen durch den Niederschlag, in dem es als gelöste Orthokieselsäure $Si(OH)_4$ auftritt, ausgewaschen. Die Deposition von natürlichem ^{32}Si liegt in unseren Breiten bei $1{,}9 \cdot 10^{-5}$ Zerf. /(min · cm²a) (DANSGAARD u. a. 1966). Bei einer jährlichen Niederschlagshöhe von ca. 600 mm für das Gebiet der DDR entspricht das einer mittleren Niederschlagsaktivität von 0,3 Zerfälle pro min. und m³ Wasser.
Mit dem Niederschlag gelangt das ^{32}Si in das Grundwasser, in dem sein Gehalt infolge des radioaktiven Zerfalls abnimmt. Es gilt

$$C = C_0^{-\lambda t} \quad (1)$$

wobei C die ^{32}Si-Aktivität der Grundwasserprobe und C_0 die entsprechende Aktivität beim Eindringen des Wassers in den Grundwasserbereich darstellen.
Aus der ^{32}Si-Aktivitätsmessung kann mit Gleichung (1) das sogenannte scheinbare Grundwasseralter *t* bestimmt werden. Bedingt durch die Mischung von Wässern unterschiedlicher Altersstruktur ist *t* nur in seltenen Fällen gleich der tatsächlichen mittleren Grundwasserverweilzeit. Im Prinzip kann jedoch mit Hilfe besonderer Mischungsmodelle das wahre Grundwasseralter bestimmt werden (OESCHGER & GUGELMANN 1974). Die Aussagefähigkeit von ^{32}Si-Datierungen ist jedoch bisher noch eingeschränkt, weil nicht nur durch radioaktiven Zerfall, sondern auch durch geochemische Prozesse eine Verringerung der ^{32}Si-Konzentration des Grundwassers auftreten kann. Diese nichtradioaktiven Verluste sind noch unzureichend untersucht. Im folgenden werden mögliche geochemische Ursachen für diese ^{32}Si-Verluste und ihre zu erwartende Höhe sowie ihr Einfluß auf die ^{32}Si-Grundwasserdatierung diskutiert.

2. Geochemische Prozesse, die zu ^{32}Si-Verlusten im Grundwasser führen können

Beim Durchsickern des Wassers durch die ungesättigte Bodenzone erhöht sich die anfänglich geringe Konzentration gelöster Kieselsäure von Werten um 1 mg SiO_2/l auf einige 10 mg SiO_2/l und höher (Tab. 1). Die zusätzliche Aufnahme inaktiver Kieselsäure aus den Boden- und Gesteinssilikaten als Folge von Verwitterungs- und Mineralumbildungsprozessen ist in bezug auf die ^{32}Si-Datierung unkritisch, wenn nicht zugleich ein Teil der gelösten Kieselsäure an die feste Phase durch Austausch oder Ausfällung abgegeben wird[1]). Da diese Möglichkeit nicht von vornherein ausgeschlossen werden kann, ist eine nähere Betrachtung dieser Prozesse erforderlich.

Eingang des Manuskripts in der Redaktion: 21. 10. 1976.

Tab. 1. SiO_2-Konzentrationen einiger Elemente des natürlichen Wasserkreislaufs

Wassertyp	SiO_2-Konzentr. in mg/l
Niederschlag	0,2–1,0
oberirdischer Abfluß	3–15
Grundwasser	5–30
heiße Quellen in jungen vulkanischen Gebieten der USA	z. T. > 500
Ozeanwasser, mittlerer Gehalt	5
Ozeanwasser, obere 200 m	z. T. < 0,1

Zur Silikatverwitterung

Die Kinetik der Silikatverwitterung ist in den letzten Jahren genauer erforscht worden (HELGESON 1971, 1972; LUGE u. a. 1972; PACES 1973; BUSENBERG & CLEMENCY 1976). Für die Verwitterung des Feldspats, des am häufigsten vorkommenden Silikatminerals (CORRENS 1940), ergibt sich nach HELGESON (1972) folgender Lösungsverlauf bei den Temperaturen, die für Grundwässer typisch sind:

Die Reaktion des Feldspats mit der wäßrigen Phase beginnt mit einem schnellen Austausch von H^+-Ionen gegen die K^+- und Na^+-Ionen an der Oberfläche des Minerals (Weg A–B in Abb. 1). Es schließt sich eine kongruente Auflösung aller Mineralkomponenten an, bis die Lösung in bezug auf die im pH-Bereich zwischen 4 und 8 am schlechtesten gelöste Al-III-Komponente gesättigt ist, d. h., die Sättigungskonzentration für Gibbsit ($Al(OH)_3$) erreicht ist (Punkt B in Abb. 1). Der Lösungsverlauf wird dann inkongruent. Die Al-Komponente bleibt auf der Mineraloberfläche zurück und bildet eine Gibbsitschicht, während die Konzentrationen von SiO_2 und Na^+ und/oder K^+ in der wäßrigen Lösung weiter ansteigen. Die Lösungsgeschwindigkeit wird jetzt von der Diffusion der löslichen Komponenten durch die Gibbsitschicht bestimmt (Weg B–C in Abb. 1). In dieser porösen Zwischenschicht bildet sich von der Grenzfläche

[1]) Die gemessene ^{32}Si-Aktivität wird bei ^{32}Si-Datierungen nicht auf die Menge inaktiven Siliziums der Probe bezogen (wie das bei ^{3}H- und ^{14}C-Datierungen gehandhabt wird), sondern auf das Volumen des Probenwassers.

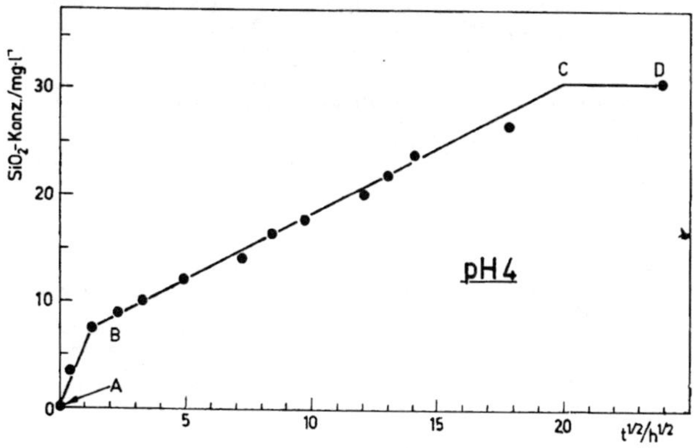

Abb. 1. SiO_2-Konzentration als Funktion der Quadratwurzel aus der Reaktionszeit während der inkongruenten Hydrolyse einer 5 Gew.-%igen Suspension von Kalifeldspat im Wasser beim pH-Wert 4, bei 25 °C und Atmosphärendruck (nach HELGESON 1971)

Gibbsit: noch nicht umgewandeltes Mineral zur Grenzfläche wäßrige Lösung: Gibbsit ein Konzentrationsgradient der löslichen Komponenten aus. Bei fortschreitendem Lösungsverlauf kann deshalb zuerst an der Grenzfläche Muttermineral: Gibbsit die Sättigungskonzentration für die Bildung des Minerals Kaolinit ($Al_2Si_2O_5(OH)_4$) erreicht werden (Punkt C in Abb. 1), so daß sich dort eine zweite poröse Zwischenschicht aus Kaolinit bildet. Schließlich wird bei ausreichender Konzentration der wäßrigen Lösung an der Grenzfläche Kaolinit: Gibbsit die Gibbsitschicht durch die vom Muttermineral diffundierenden Komponenten zu Kaolinit umgewandelt.

$$2\,KAlSi_3O_8 + 4\,Al(OH)_3 + 2\,H^+ \rightarrow 3\,Al_2SiO_5(OH)_4 + 2\,K^+ + H_2O$$

(K-Feldspat) (Gibbsit) (Kaolinit)

In dieser Zeit gelangt kein SiO_2 in die freie Lösung (Weg C—D in Abb. 1), lediglich die Konzentrationen von Na^+ und/oder K^+ steigen weiter an. Diese Stagnationsphase währt solange, bis die gesamte Gibbsitschicht zu Kaolinit umgewandelt ist. Danach kann SiO_2 wieder in die Lösung diffundieren (nicht mehr erfaßt in Abb. 1). Die Reaktion setzt sich fort bis die Lösung die Gleichgewichtszusammensetzung für die Koexistenz von Feldspat und Kaolinit erreicht hat. Das System ist dann in einem Gleichgewichtszustand. Die Zeit bis zum Erreichen dieses Gleichgewichts kann Monate oder auch einige Jahre betragen.

Neuere detaillierte experimentelle Untersuchungen von BUSENBERG & CLEMENCY (1976) bestätigen im wesentlichen dieses Modell. Die Autoren unterscheiden vier Stufen der Kinetik der Auflösung von Feldspäten in einer 5 Gew.-%igen Suspension bei einem CO_2-Partialdruck von 1 at.

Die Anfangsreaktion von nur ca. einminütiger Dauer ist durch den schnellen Austausch der Oberflächenkationen mit den Wasserstoffionen der Lösung gekennzeichnet. Die zweite Stufe ist bezüglich der SiO_2-Abgabe in die Lösung von unterschiedlicher Dauer. Sie reicht von 1,5 h bei Albit und Kalifeldspäten bis über 100 h bei Anorthit.
In der darauffolgenden Stufe, die etwa 19 Tage in Anspruch nimmt, werden alle Mineralbestandteile in die Lösung abgegeben. Die Abgaberate wird durch die Diffusion durch die poröse Zwischenschicht zwischen Mineraloberfläche und Lösung bestimmt. Die letzte Stufe entspricht dem Gleichgewichtszustand, dabei steigt die Kieselsäurekonzentration nicht parabolisch, wie in der 3. Stufe, sondern linear mit der Zeit an.

Dieses Verhalten ist damit zu erklären, daß sich Bildung und Zerstörung der Zwischenschicht das Gleichgewicht halten. Diese neue Oberflächenschicht hat im Gleichgewichtszustand nach den beiden Autoren bei Plagioklasen als Ausgangsmineral die Zusammensetzung von Kaolinit, und bei Kalifeldspäten bildet sich als Endschicht zwischen Mineral und Lösung Illit.
Auch für die Verwitterung anderer Silikate, z. B. der Magnesiumsilikate (LUGE u. a. 1972), ist eine Folge von inkongruenten und kongruenten Stufen mit Ausbildung von porösen Zwischenschichten zwischen Muttermineral und freier Lösung typisch.
Eine Deposition von Kieselsäure aus der Lösung an die feste Phase ist bei der Silikatverwitterung nach den genannten Modellen sehr unwahrscheinlich, da ein dauernder SiO_2-Strom von der Mineraloberfläche in die Lösung besteht. Selbst ein möglicher SiO_2-Austausch an der Grenzfläche zur Lösung während der Gleichgewichtsstufe dürfte kaum zur ^{32}Si-Deposition an die feste Phase führen, da die Zwischenschicht (z. B. aus Kaolinit oder Illit) an der Grenze zur freien Lösung nach BUSENBERG & CLEMENCY (1976) in dem Maße wieder zerstört wird und in Lösung geht, wie sie an der Grenze zum Muttermineral nachgebildet wird. Außerdem ist die praktische Auswirkung dieser SiO_2-Deposition auf die ^{32}Si-Verluste im Grundwasser davon abhängig, wie schnell sich in der natürlichen Umgebung der Gleichgewichtszustand einstellt.

In den den theoretischen Untersuchungen von HELGESON (1971, 1972) zugrunde liegenden Experimenten von WOLLAST (1967) mit einer 5 Gew.-%igen Suspension von K-Feldspat in Wasser bei 25 °C, pH-Werten zwischen 4 und 10 und Atmosphärendruck war dieser Zustand nach 600 Stunden noch nicht erreicht. Bei Untersuchungen über die kongruente Auflösung von Kaolinit in Wasser bei 25 °C und pH-Werten zwischen 3 und 4 ergab sich eine Reaktionszeit bis zum Gleichgewicht von etwa 2 Jahren (POLZER & HEM 1965). BUSENBERG & CLEMENCY (1976) erhielten als Einstellzeit für den Gleichgewichtszustand Werte zwischen 3 und 4 Wochen. Eigene Untersuchungen mit suspendierten Gesteins- und Bodenproben ergaben Reaktionszeiten von mehreren Monaten bis zu mehr als einem Jahr (Abb. 2).

Bei relativ schnell fließendem Grundwasser und absteigenden Sickerwässern ist es daher möglich, daß der Gleichgewichtszustand nicht erreicht wird. Besonders in diesen Fällen sind ^{32}Si-Verluste durch die Silikatverwitterung sehr unwahrscheinlich.

Wechsel der Gesteinszusammensetzung

Die bisherigen Betrachtungen sind für solche Situationen typisch, bei denen das Wasser durch einen Boden- bzw. Gesteinskörper mit einheitlicher Mineralzusammensetzung fließt. In vielen Fällen tritt das Grundwasser jedoch durch aufeinanderfolgende Komplexe mit unterschiedlichem Gesteinschemismus. Verläßt eine solche Verwitterungslösung einen Gesteinskomplex, mit dem die Komponenten im Gleichgewicht stehen, und dringt in einen neuen Komplex ein, so wird je nach Lage des neuen Gleichgewichts eine erneute Lösungsphase oder der Ausfall bestimmter gelöster Komponenten mit anschließender Mineralneubildung die Folge sein.
Wie Abb. 2 zeigt, ist der Wert des SiO_2-Gehalts der Verwitterungslösung nach hinreichend langen Reaktionszeiten sehr stark von den chemischen und physikalischen Eigenschaften des Boden- und Gesteinsmaterials abhängig. Bei diesem Laborexperiment ergaben sich je nach Gesteinstyp und Körnigkeit des Materials Sättigungskonzentrationen gelöster Kieselsäure zwischen 7,5 und 47 mg SiO_2/l (Tab. 2). Das ist ein Wertebereich, in dem auch die an Grundwässern aus Untersuchungsgebieten der DDR gemessenen natürlichen SiO_2-Konzentrationen liegen (Tab. 3). Diesen Ergebnissen zufolge kann man erwarten, daß ^{32}Si-Verluste auftreten. Wenn z. B. Grundwasser mit der für die Porphyritsuspension typischen SiO_2-Konzentration von 38 mg SiO_2/l in einen durch die Granitsuspension mit 12,3 mg SiO_2/l charakterisierten Komplex fließt, ergibt sich eine übersättigte Lösung, aus der Kieselsäure durch Bildung SiO_2-reicherer Minerale an die feste Phase ver-

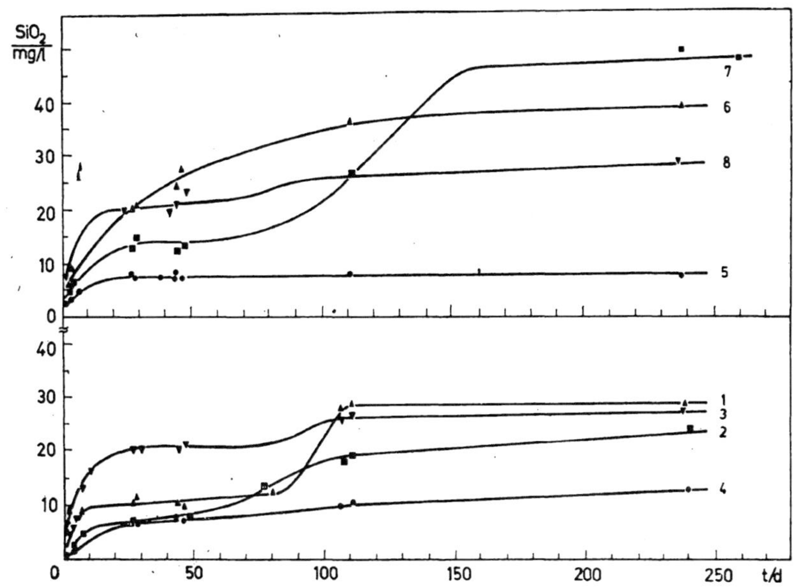

Abb. 2. SiO_2-Konzentration als Funktion der Reaktionszeit für verschiedene Gesteinssuspensionen im Wasser bei Zimmertemperatur und Atmosphärendruck

1 – Mutterboden; 2 – Mittelsand; 3 – Granit, pulverisiert; 4 – Granit, grobkörnig; 5 – Muschelkalk, pulverisiert; 6 – Porphyrit, pulverisiert; 7 – Rötsandstein, pulverisiert; 8 – wie Probe 3, jedoch doppelte Gesteinsmenge mit gleicher Wassermenge angesetzt

Tab. 2. Erreichte SiO_2-Konzentrationen und pH-Werte am Ende von Lösungsversuchen an einigen Gesteinsarten

Nr.	Art der Probe	SiO_2-Konz. in mg/l	End-pH
1	Mutterboden, keine Vorbehandlung	28	6,1
2	Mittelsand, keine Vorbehandlung	23	4,4
3	Granit, pulverisiert	27	7,7
4	Granit, grob zerkleinert (d: 3–5 mm)	12,5	7,3
5	Muschelkalk, pulverisiert	7,5	8,5
6	Porphyrit, pulverisiert	38	7,2
7	Rotsandstein, pulverisiert	47	5,3
8	wie 3, jedoch doppelte Gesteinsmenge bei gleichem Wasservolumen	28	n. b.

Tab. 3. Konzentrationen gelöster Kieselsäure in natürlichen Wässern der DDR

Probe	Entnahmeort	Entnahmedatum	SiO_2-Konz. in mg/l
Niederschlag			
	Freiberg	12/70	1,1
	,,	5–11/72	0,42
	,,	5– 7/73	0,51
Flußwasser			
Freiberger Mulde	Weißenborn	8/72	12,5
Havel	Stolpe	12/69	21/1
Grundwasser			
Quelle	bei Freiberg	1/71	27,0
Brunnen	bei Naumburg	6/72	12,5
Brunnen	bei Freital	10/72	18,4
Brunnen	bei Pirna	11/72	19,0

lorengehen kann. Bei einem derartigen Wechsel des Gesteinskomplexes sind ^{32}Si-Verluste von einigen zehn Prozent durchaus möglich, wie später noch gezeigt wird (Abschnitt 3).

In Laborexperimenten wurde die SiO_2-Deposition an die feste Phase mit Suspensionen von Kaolinit in Meerwasser von künstlich überhöhten Kieselsäurekonzentrationen nachgewiesen. Bei 25 °C erreichten Suspensionen mit anfangs 60 mg SiO_2/l nach etwa 5000 Stunden einen konstanten Wert von 20 mg SiO_2/l (MACKENZIE & GARRELS 1967; WOLLAST & DE BROEU 1971). Es konnte gezeigt werden, daß sich dabei das Kaolinit mit der der Lösung entzogenen Kieselsäure in die SiO_2-reicheren Minerale Illit und Montmorillonit umwandelte. Voraussetzung für derartige Mineralneu- bzw. -umbildungen ist natürlich, daß die anderen für diese Realitionen erforderlichen Mineralkomponenten in der Lösung mindestens Sättigungskonzentration besitzen.

Änderung des pH-Werts der Verwitterungslösung

Eine Änderung des pH-Werts der Verwitterungslösung kann, besonders wegen der stark vom pH-Wert abhängigen Löslichkeit der Al-III-Komponente, ebenfalls SiO_2-Verluste verursachen. Bei pH-Werten < 4 ist die Löslichkeit dieser Komponente hoch; sie erreicht zwischen etwa 5 und 7 ein breites Minimum und steigt dann bei höheren pH-Werten erneut an (CORRENS 1940). In sauren Lösungen kann sich daher während der Silikatverwitterung keine Gibbsitzwischenschicht an den Mineraloberflächen ausbilden. Das kann zu einer schnelleren Lösungsabgabe aller Komponenten und einer höheren SiO_2-Konzentration der Verwitterungslösung führen.

Dieses Lösungsverhalten wurde am Beispiel zweier Gesteinssuspensionen (Granit- und Porphyritsuspension) untersucht. Im nahezu neutralen Milieu ergab sich der in Abb. 2 (Kurve 3 bzw. Kurve 6) dargestellte Lösungsverlauf. Demgegenüber war der Lösungsverlauf für die analog hergestellten Suspensionen, die jedoch anfangs durch Zugabe von HCl leicht angesäuert wurden, durch einen rascheren Anstieg der SiO_2-Konzentration mit wesentlich höheren Sättigungswerten (um 90 mg SiO_2/l) gekennzeichnet (Abb. 3). Die pH-Werte der angesäuerten Suspensionen lagen nach 47 Tagen Reaktionszeit bei 3,2 (Granitsuspension) bzw. 4,8 (Porphyritsuspension).

In gemäßigt humiden Regionen, wo eine Humusakkumulation möglich ist, können die Bodenlösungen einen pH-Wert < 4 erreichen und eine intensive Lösungstätigkeit verursachen. Mit dem weiteren Absinken der Bodenlösungen nimmt der pH-Wert zu und damit die Löslichkeit der Al^{3+}-Komponente ab. Nach Überschreiten des Sättigungs-

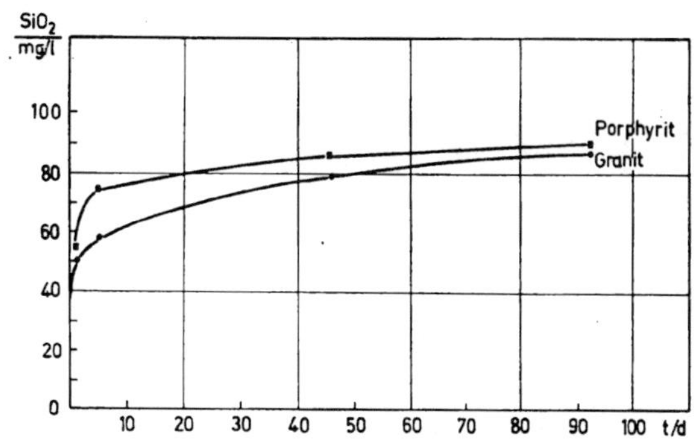

Abb. 3. SiO_2-Konzentration als Funktion der Reaktionszeit für angesäuerte Gesteinssuspensionen (pH-Wert nach 47 Tagen Reaktionszeit: 3,2 für die Granitsuspension; 4,8 für die Porphyritsuspension)

werts dieser Komponente können sich Alumosilikate (z. B. Ortstein) bilden, was mit einem ^{32}Si-Verlust aus der in das Grundwasser absinkenden Bodenlösung verbunden ist.

SiO_2-Ausfall durch Polymerisation der Kieselsäure

Als eine weitere mögliche ^{32}Si-Verlustquelle muß der SiO_2-Ausfall durch Polymerisation der Kieselsäure mit anschließender Gelbildung in Erwägung gezogen werden. Dieser Prozeß findet statt, wenn die Konzentration gelöster Kieselsäure den Sättigungswert für amorphe Kieselsäure überschreitet (KRAUSKOPF 1956). Letzterer beträgt 120 mg SiO_2/l bei 25 °C (SIEVER 1962; OKAMATO u. a. 1975); er wird von den Verwitterungslösungen im allgemeinen nicht erreicht, so daß in diesen Fällen das Auftreten von höher polymeren Formen der Kieselsäure und damit die Möglichkeit von ^{32}Si-Verlusten durch Kieselsäurepolymerisation als wenig wahrscheinlich eingeschätzt werden kann.
Diese Schlußfolgerung wird durch eigene Experimente gestützt.

Zahlreichen Niederschlags-, Oberflächen- und Grundwasserproben aus dem Gebiet der DDR wurde Fluorid zugesetzt, das den schnellen Abbau der höheren Kieselsäurepolymerisationsstufen unter Bildung des Hexafluorosilikatkomplexes $(SiF_6)^{2-}$ gewährleistet (LANGE 1969; WINTER 1968). Nach Zerstörung des Komplexes wurde der Kieselsäuregehalt nach den konventionellen Molybdänblauverfahren photometrisch bestimmt (TGL 180-84, Bl. 27). In keinem Fall wurde nach dem Fluoridzusatz ein höherer SiO_2-Gehalt der Lösung als vor dem Fluoridzusatz photometriert, d. h., die untersuchten Wässer waren frei von nicht molybdatoaktiven Formen der Kieselsäure[2]).

Unter natürlichen Bedingungen ist daher die Bildung kolloidaler Kieselsäure und die sich anschließende weitere Koagulation bis zur Ausscheidung von Kieselsolen im wesentlichen auf zwei Möglichkeiten beschränkt: auf die Abkühlung heißer kieselsäurereicher Thermalwässer (WHITE u. a. 1956) und auf die Anreicherung von Kieselsäure durch die besonders in Trockengebieten wirksame oberflächliche Verdunstung von Wasser (CORRENS 1940). Auch bei relativ niedrigen SiO_2-Konzentrationen um 20 mg SiO_2/l besteht im Prinzip die Möglichkeit der SiO_2-Deposition an die feste Phase. Quarz ist mit einer Löslichkeit von ca. 10 mg SiO_2/l bei niederen Temperaturen das am schlechtesten lösliche Silikatmaterial (KRAUSKOPF 1956). Überschreitet die Konzentration gelöster Kieselsäure diesen Wert, so kann es zu einem epitaktischen Wachstum des Quarzes kommen, wie kristallographische Untersuchungen an sächsischen und thüringischen Sandsteinen zeigten[3]). Da SiO_2 laufend der Lösung entzogen wird, stellt dieser Prozeß ebenfalls eine mögliche ^{32}Si-Verlustquelle dar.

3. Labor- und Feldexperimente zur quantitativen Erfassung der ^{32}Si-Verluste

Die Betrachtungen im vorangegangenen Abschnitt haben gezeigt, daß es vielfältige Möglichkeiten für nichtradioaktive ^{32}Si-Verluste im Grundwasser gibt. Zu ihrer quantitativen Erfassung sind Labor- und Feldexperimente mit künstlich und natürlich markierten ^{32}Si-O_2-Lösungen erforderlich. Erste Ergebnisse hierzu werden nachfolgend mitgeteilt.

In eine Kunststoffsäule wurden 17 kg Quarzsand, 8,75 kg verlehmter Gneisgrus und 7 kg Mutterboden schichtenweise eingebracht und mit 15 l bidestilliertem Wasser, das 115 mg ^{32}Si-markierter Kieselsäure mit einer Aktivität von 8550 Zerf/min enthielt, versetzt. Nach einer Reaktionszeit von 4 Monaten, nach der man entsprechend Abb. 2 die Einstellung der Sättigungskonzentration bei Zimmertemperatur erwarten kann, flossen aus dieser Suspension 8,3 l frei ab, der Rest von 6,7 l verblieb als Haftwasser. Die frei abgelaufene Lösung hatte eine SiO_2-Konzentration von 20,8 mg SiO_2/l (die Anfangskonzentration betrug 7,7 mg SiO_2/l) und eine ^{32}Si-Aktivität von 770 Zerf/min. Unter der Voraussetzung, daß die SiO_2-Konzentration des in der Säule verbliebenen Haftwassers gleich der der abfließenden Lösung war, ergibt sich ein ^{32}Si-Verlust aus der Lösung von 84% durch Abgabe des ^{32}Si-markierten SiO_2 an die feste Phase.
Bei höherer SiO_2-Konzentration des Haftwassers müßte sich, da ein konstantes $^{32}Si/^{28}Si$-Verhältnis überall in der Lösung gewahrt ist, eine Verminderung des ^{32}Si-Gehalts der freien Lösung auch ohne ^{32}Si-Abgabe an die feste Phase ergeben. Für das vorliegende Experiment kann diese Möglichkeit ausgeschlossen werden, da an durch Zentrifugieren gewonnenen Haftwasserproben eine mittlere gewogene SiO_2-Konzentration des Haftwassers der Säulenfüllung von 26 mg SiO_2/l bestimmt wurde. Dieser Wert liegt nur geringfügig über der SiO_2-Konzentration des frei abfließenden Wassers. Damit ist erwiesen, daß in diesem Säulenexperiment mindestens 80% der ursprünglich gelösten ^{32}Si-markierten Kieselsäure an die feste Phase deponiert wurde.

Dieser hohe ^{32}Si-Verlust wird verständlich, wenn man die Sättigungskonzentrationen der Mutterboden-, Gneisgrus- und Quarzsandsuspensionen betrachtet (Tab. 4). Infolge der starken SiO_2-Abgabe des Gneisgruses wird die Sättigungsgrenze für die Quarzsandsuspension überschritten, so daß es in dieser Schicht zur fortwährenden Abscheidung gelöster Kieselsäure, verbunden mit in Abschnitt 2 genannten Mineralbildungsreaktionen (epi-

Tab. 4. SiO_2-Konzentrationen in der freien Lösung von Gesteinssuspensionen

Probe	SiO_2-Konz. d. freien Lösung in mg/l
Mutterboden	23,2
Gneisgrus	40,5
Quarzsand	18,8

[2]) Als molybdatoaktive Kieselsäurepolymerisationsstufen werden hier diejenigen verstanden, die in saurer Lösung innerhalb von 10 min mit Ammoniummolybdat zu dem gelben Heteropolykieselsäurekomplex reagieren. Diese Reaktion ist Grundlage der photometrischen quantitativen SiO_2-Bestimmung. Neben Orthokieselsäure $Si(OH)_4$ werden innerhalb der genannten Reaktionszeit auch dimere und eventuell trimere Kieselsäure mit erfaßt.

[3]) Persönliche Mitteilung von Prof. Dr. habil. H. J. RÖSLER, Sektion Geowissenschaften der Bergakademie Freiberg.

taktisches Wachstum von Quarz, Bildung silikatreicher Minerale wie Montmorillonit und Illit) kommen kann.

In einem zweiten Laborexperiment wurden 2,65 kg Seesand p.a. mit 2,5 l Wasser angesetzt, in dem 10 mg ^{32}Si-markierter Kieselsäure gelöst waren. Die Anfangskonzentration der Lösung betrug damit nur 4 mg SiO_2/l und erreichte bei Zimmertemperatur nach der gewählten Reaktionszeit von 3 Wochen mit 12 mg SiO_2/l die Sättigungskonzentration des Quarzes.

Eine SiO_2-Deposition unter Mineralneubildung infolge des Überschreitens der Sättigungskonzentration schied bei diesem Experiment also aus, so daß ein möglicher ^{32}Si-Verlust hauptsächlich als Ergebnis des Si-Austauschs zwischen der Lösung und der festen Phase gedeutet werden mußte. Dieser Austausch hätte bei den gewählten Versuchsbedingungen die ^{32}Si-Aktivität der Lösung um 25% reduzieren können. Die Messung ergab jedoch keinen Aktivitätsverlust. Zumindest für Quarze kann damit ein Si-Austausch innerhalb der gewählten Reaktionszeit von 3 Wochen ausgeschlossen werden.

Die Ergebnisse von vier Feldexperimenten (Messung der natürlichen ^{32}Si-Konzentration in Grundwässern) sind in Tab. 5 zusammengefaßt. Wie konventionelle hydrogeologische Betrachtungen sowie die Messungen der ^{14}C- und ^{3}H-Aktivitäten erbrachten (KATER & FRÖHLICH 1977), handelt es sich bei den Proben 2, 3 und 4 um rezente Grundwässer (die Probe 4 wurde während eines Trockenwetterabflusses entnommen). Ihrem Alter entsprechend müßten diese Wässer ^{32}Si-Aktivitäten um 0,3 Zerf/(min · m³) aufweisen. Die wesentlich geringeren Meßwerte sind nur durch nichtradioaktive Verluste im Grundwasser erklärbar, deren Höhe bei 40% (Probe 4), 70% (Probe 3) bzw. 80% (Probe 2) liegt. Demgegenüber sind im Falle der Probe 1, bei der es sich um maximal 100 Jahre altes Grundwasser aus einer Teufe von 100 m in einem Buntsandstein-Grundwasserleiter handelt, keine ^{32}Si-Verluste nachweisbar.

Diese Ergebnisse stehen im Einklang mit denen der beiden Laborexperimente und zeigen, daß je nach den lokalen Bedingungen nichtradioaktive ^{32}Si-Verluste auftreten und in Extremfällen Werte bis nahe an 100% erreichen können.

Nach Tab. 5 scheint auch bei den Feldexperimenten ein Zusammenhang zwischen den ^{32}Si-Verlusten und der SiO_2-Konzentration des Grundwassers zu bestehen. Offensichtliche ^{32}Si-Verluste waren beobachtbar, wenn die SiO_2-Konzentration der Lösung relativ hoch lag (Proben 2 und 3). Auch bei dem Laborexperiment mit einem ^{32}Si-Verlust von 80% war die Lösung mit 20,8 mg SiO_2/l in bezug auf die Löslichkeit von Quarz übersättigt. Im zweiten Laborexperiment und bei Probe 1 (Tab. 5) überschritt die SiO_2-Konzentration dagegen nicht die Sättigungsgrenze für Quarz; in beiden Fällen wurde kein ^{32}Si-Verlust nachgewiesen. Falls durch weiterführende Untersuchungen sich dieser Zusammenhang zwischen der SiO_2/Konzentration und den ^{32}Si-Verlusten bestätigt, könnte dadurch eine Möglichkeit geschaffen werden, die nichtradioaktiven ^{32}Si-Verluste quantitativ zu erfassen.

4. Schlußfolgerungen für die Anwendung von ^{32}Si

Die ^{32}Si-Analyse eines Grundwassers empfiehlt sich bei dem gegenwärtigen Stand dieser Datierungsmethode erst nach vorherigen ^{3}H- und ^{14}C-Bestimmungen sowie nach einer Abschätzung der aufgrund des Wasser- und Speicherchemismus zu erwartenden geochemischen ^{32}Si-Verluste. In einem einzelnen Fall ist bereits eine sehr genaue Bestimmung der Grundwasserverweilzeit durch eine zusätzliche ^{32}Si-Analyse zur ^{3}H- und ^{14}C-Bestimmung erzielt worden (KATER & FRÖHLICH 1977), in der Regel aber wird das gemessene ^{32}Si-Alter durch die geochemischen ^{32}Si-Verluste zu hoch ausfallen. Gute Annäherungen an das wahre Alter ergeben parallele Messungen mehrerer Nuklide am gleichen Wasser, wie sie z. B. von LAL, NIJAMPURKAR & RAMA (1970) an indischen Grundwässern vorgenommen worden sind. Jedoch haben diese Autoren sich für eine unbeschränkte Eignung von ^{32}Si für die Grundwasserdatierung ausgesprochen und das Auftreten geochemischer ^{32}Si-Verluste als seltene Ausnahme betrachtet. Diese Annahme resultierte aus einem Vergleich der ^{32}Si- und ^{14}C-Alter der durch sie untersuchten indischen Grundwässer (Tab. 6, Spalten 4 und 5), bei denen sich die ^{14}C-Alter meist höher als die ^{32}Si-Alter erwiesen.

Für die ^{32}Si-Grundwasseranfangskonzentration hatten die Autoren zwei verschiedene Werte angenommen: 0,3 Zerf/(min · m³) bei der Grundwasserernährung über den Niederschlag und 0,15 Zerf/(min · m³) bei der Ernährung über Oberflächengewässer, da letztere durch die Tätigkeit von Süßwasserdiatomeen und anderer ein Kieselskelett tragender Mikroorganismen eine geringere ^{32}Si-Aktivität als der Niederschlag aufweisen. Deshalb sind jeweils zwei ^{32}Si-Alter in Tab. 6 angegeben, die sich um eine ^{32}Si-Halbwertszeit unterscheiden. Obwohl eine Grundwasserernährung über Oberflächengewässer eine Ausnahme darstellt, scheint eine Grundwasseranfangsaktivität von 0,15 Zerf/(min · m³) für Indien eine größere Berechtigung zu haben, da bisher der Anteil der natürlichen ^{32}Si-Deposition der letzten Dekade meist überschätzt wurde.
Für die Berechnung der ^{14}C-Alter benutzten die Autoren eine ^{14}C-Anfangskonzentration von 100% modern und für die Bestimmung der ^{32}Si-Alter eine ^{32}Si-Halbwertszeit von 500 Jahren. Legt man den neuesten und unseres Erachtens genauesten Wert der ^{32}Si-Halbwertszeit von 330 Jahren (CLAUSEN 1973) und den meist benutzten Wert der ^{14}C-Anfangskonzentration von 85% modern zu Grunde, so ergeben sich etwas unterschiedliche ^{14}C- und ^{32}Si-Alter, die in Tab. 6 in den Spalten 6 und 7 angegeben sind. Daraus ergibt sich, daß in etwa der Hälfte aller untersuchten Proben das ^{32}Si-Alter größer als das ^{14}C-Alter ist. Offensichtlich sind in diesen Fällen nichtradioaktive ^{32}Si-Verluste aufgetreten, die zu höheren scheinbaren ^{32}Si-Altern führen. Andererseits ist auch die ^{14}C-Datierung nicht frei von dem Problem nichtradioaktiver ^{14}C-Verluste, wie der Vergleich der ^{32}Si- und ^{14}C-Modellalter zeigt. Quantitative Aussagen über die ^{32}Si- bzw. ^{14}C-Verluste sind jedoch sehr unsicher, weil sich in diesem Zeitbereich die ungenaue Kenntnis der ^{14}C-Anfangskonzentration stark auf die ^{14}C-Modellalterswerte auswirkt. Diese Unsicherheit ist in dem von LAL, NIJAMPURKAR & RAMA (1970) angegebenen Fehler der ^{14}C-Alterswerte (Tab. 6) nicht berücksichtigt.

Tab. 5. ^{32}Si-Aktivitäten von Feldproben

Probe-Nr.	Wassertyp	Entnahmedatum	SiO_2-Konz. in mg/l	^{32}Si-Aktiv. Zerf/(min, m³)	^{3}H-TE¹)	^{14}C-Konz. modern²)
1	Grundwasser	6/72	12,5	0,30±0,06	≦ 5	82
2	Grundwasser	10/72	18,4	0,076±0,02	110	—
3	Grundwasser	11/72	19,0	0,053±0,01	90	106
4	Flußwasser	8/72	11,9	0,19±0,03	—	—

¹) 1 TE = $1 \cdot 10^{-18}$ $^{3}H/H$
²) 100% modern = 13,6 Zerf ^{14}C/(min g C)

Tab. 6. ^{3}H-Konzentrationen, ^{32}Si-Aktivitäten und scheinbare ^{32}Si- und ^{14}C-Alter indischer Grundwässer (nach LAL u. a. 1970)

Probe	^{3}H-Konz. /TE	^{32}Si-Konz. /Zerf/(min · m^{3})	^{14}C-Alter in a[1])	^{32}Si-Alter in a[3])	^{14}C-Alter /a[2])	^{32}Si-Alter /a[4])	5)
P-1	–	0,31 ± 0,02	2730 ± 105	0 < 100	1390	0 < 70	+
UP-1	< 5	0,16 ± 0,07	2330 ± 125	2100 > 1600	990	1380 > 1060	–
UP-4	< 5	0,0012 ± 0,002	3550 ± 90	– > 2500	2210	– > 1650	+
RJ-2	< 5	0,016 ± 0,01	5000 ± 100	2100 > 1600	3660	1380 > 1060	+
GJ-1	30 ± 5	0,028 ± 0,003	rezent[6])	1700 > 1200	rezent	1120 > 800	–
GJ-4	< 5	0,11 ± 0,01	2755 ± 110	700 > 200	1415	460 > 130	+
GJ-5	< 5	0,038 ± 0,005	2280 ± 125	1500 > 1000	940	1000 > 660	+
GJ-6	< 5	0,016 ± 0,002	1775 ± 95	2100 > 1600	435	1400 > 1060	–
GJ-7	< 5	0,018 ± 0,002	1260 ± 85	2000 > 1500	0	1320 > 1000	–
GJ-8	< 5	0,0075 ± 0,002	2475 ± 105	2500 > 2000	1135	1650 > 1320	–
GJ-10	< 5	0,028 ± 0,006	3480 ± 125	1700 > 1200	2140	1120 > 800	+
MH-1	100 ± 5	0,09 ± 0,009	rezent[6])	900 < 400	rezent	600 > 260	–
MD-1	< 5	0,081 ± 0,01	540 ± 100	900 > 400	0	600 > 260	–

[1]) ^{14}C-Grundwasseranfangsaktivität 100% modern
[2]) ^{14}C-Grundwasseranfangsaktivität 85% modern
[3]) ^{32}Si-Halbwertszeit 500 a
[4]) ^{32}Si-Halbwertszeit 330 a
[5]) – : ^{32}Si-Verlust > ^{14}C-Verlust
+ : ^{32}Si-Verlust < ^{14}C-Verlust
[6]) es wurde Wasserstoffbomben-^{14}C nachgewiesen

Mit Sicherheit liegen jedoch rezente Grundwässer vor, wenn die gemessenen ^{14}C-Konzentrationen höher als der Anfangswert sind, d. h., wenn Wasserstoffbomben-^{14}C enthalten ist. Diese Situation trifft für die Proben GJ-1 und MH-1 zu. Die ^{32}Si-Aktivitäten dieser Proben müßten gleich der ^{32}Si-Anfangsaktivität (0,3 bzw. 0,15 Zerf/(min · m^{3})) sein. Sie liegen jedoch in beiden Fällen wesentlich darunter, was auf ^{32}Si-Verluste zwischen 80% und 90% der Probe GJ-1 sowie zwischen 40% und 70% bei Probe MH-1 (je nach zugrundegelegter ^{32}Si-Anfangsaktivität) schließen läßt.

Faßt man die indischen und die eigenen Resultate zusammen, so ergibt sich, daß bei fast 60% aller bisherigen ^{32}Si-Grundwasserdatierungen nichtradioaktive Verluste aufgetreten sind. Daraus läßt sich jedoch keinesfalls ableiten, daß ^{32}Si-Bestimmungen für Grundwasseruntersuchungen wertlos seien. Angenommen der ^{32}Si-Verlust tritt während der relativ kurzen Zeit des Durchsickerns des Wassers durch die ungesättigte Bodenzone in den Grundwasserleiter auf, so ergibt sich folgender einfacher Zusammenhang zwischen dem ^{32}Si-Verlust u und der Differenz Δt zwischen dem scheinbaren ^{32}Si-Alter t' (bestimmt nach Gl. (1) ohne Berücksichtigung des ^{32}Si-Verlustes) und dem wahren Grundwasseralter t:

$$\frac{\Delta t}{T_{1/2}} = \frac{\lg \frac{1}{1-u}}{\lg e} \qquad (2)$$

wobei $T_{1/2}$ die Halbwertszeit von ^{32}Si ist. Diese in Abb. 4 graphisch dargestellte Beziehung zeigt, daß die nichtradioaktiven ^{32}Si-Verluste erst oberhalb 50 bis 60% zu einer erheblichen Abweichung des scheinbaren ^{32}Si-Alters vom wahren Grundwasseralter führen. Diese Abweichung ist geringer als eine ^{32}Si-Halbwertszeit (330 Jahre), wenn die ^{32}Si-Verluste unterhalb 50% liegen. Nimmt man, wie es für praktische Zwecke oft ausreichend ist, eine Unsicherheit des Alters in dieser Größenordnung in Kauf, so kann auf spezielle ^{32}Si-Verlust-Korrekturen verzichtet werden. Diese Bedingungen dürften bei vielen Grundwässern gegeben sein, deren SiO_2-Konzentration unterhalb der Löslichkeitsgrenze für Quarz liegt.

Trotz noch zahlreicher zu klärender Probleme steht damit der besondere Nutzen zusätzlicher ^{32}Si-Analysen bei der Grundwasserdatierung außer Zweifel. In jedem Fall läßt eine nachweisbare ^{32}Si-Grundwasseraktivität den Schluß zu, daß die Grundwasserverweilzeit kleiner als 1500 Jahre ist — eine Aussage, die in bestimmten Fällen von Wichtigkeit sein kann. Die parallele Anwendung von ^{32}Si und ^{14}C bei Wässern, die die ^{3}H-Datierungsgrenze überschreiten, erlaubt immer eine genauere Altersangabe, indem das kleinste gefundene Alter dem wahren Alter am nächsten kommt.

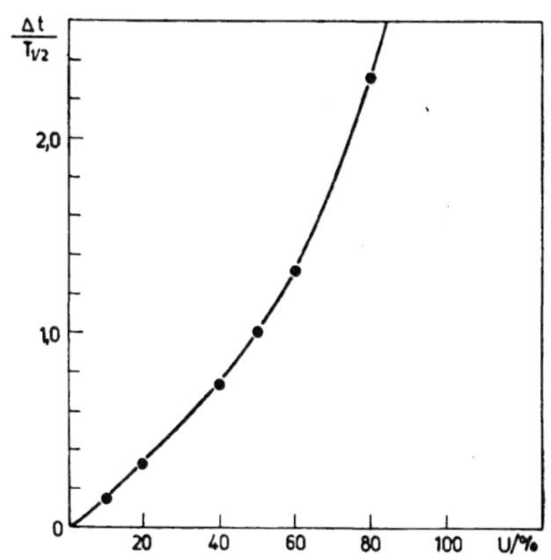

Abb. 4. Relative Abweichung des scheinbaren vom wahren Alter als Funktion des prozentualen ^{32}Si-Verlustes

Für wertvolle Hinweise bei der Suche nach den Ursachen der geochemischen ^{32}Si-Verluste danken wir Herrn Prof. Dr. habil. H. J. RÖSLER, Sektion Geowissenschaften der Bergakademie, und für die Unterstützung bei der Durchführung von Meßaufgaben Herrn Dr. D. HEBERT, Sektion Physik der Bergakademie.

Zusammenfassung

Die gemessenen ^{32}Si-Aktivitäten rezenter Grundwässer sind teilweise beträchtlich geringer als die erwarteten, der ^{32}Si-Grundwasseranfangsaktivität entsprechenden Werte. ^{32}Si-Verluste der Lösung nach deren Einwirken auf Gesteinsproben konnten auch in Laborexperimenten mit ^{32}Si-markierten Lösungen nachgewiesen werden. Geochemische Reaktionen, die zu nichtradioaktiven ^{32}Si-Verlusten führen können, werden diskutiert und die Höhe dieser Verluste abgeschätzt. Es wird

Zeitschrift für angewandte Geologie, Bd. 24 (1978), Heft 1

gezeigt, daß ^{32}Si-Messungen trotz des noch unzureichend gelösten Problems der ^{32}Si-Verluste eine wertvolle Ergänzung bei der Grundwasserdatierung mit ^{3}H und ^{14}C darstellen.

Резюме

Измеренные ^{32}Si-активности голоценовых грунтовых вод частично значительно меньше, чем ожидаемые, соответствующие начальной ^{32}Si-активности грунтовых вод данные. ^{32}Si-потери раствора после их влияние на пробы пород стало возможно доказать с лабораторными опытами при помощи ^{32}Si-маркированных растворов. Геохимические реакции, которые могут вести к нерадиоактивным потерям ^{32}Si, обсуждаются и оценывается высота этих потерь. Показывается, что измерения ^{32}Si, не смотря на еще не достаточно решенных проблемов потерь ^{32}Si, являются ценным дополнением при датировании грунтовых вод спомощью ^{3}H и ^{14}C.

Summary

The ^{32}Si activities measured of recent ground waters are considerably lower in part than those expected and corresponding to the ^{32}Si initial activity of the ground water. Losses of ^{32}Si of the solution could also be demonstrated after its action on rock samples in laboratory experiments made with ^{32}Si labelled solutions. Geochemical reactions resulting in nonradioactive ^{32}Si losses are discussed and their amount is estimated. In spite of the still insufficiently solved problem of ^{32}Si losses measurements made with ^{32}Si are shown to be a valuable supplement of dating ground water by meansof ^{3}H and ^{14}C.

Literatur

BUSENBERG, E.; CLEMENCY, CH. V.: The dissolution kinetics of feldspars at 25°C and 1 atm CO_2 partial pressure. – Geochim. et cosmochim. Acta, **40**, 41–49, London 1976.

CLAUSEN, H. B.: Dating of polar ice by ^{32}Si. – Glaciol., **12**, 411–416 (1973).

CORRENS, C. W.: Die chemische Verwitterung der Silikate. – Naturwissenschaften, **28**, 369–373, Berlin 1940.

DANSGAARD, W.; CLAUSEN, H. B.; AARKROG, A.: Evidence for bomb produced ^{32}Si. – J. geophys. Res., **71**, 5474–5477, Washington 1966.

FRÖHLICH, K.; KATER, R.; HEBERT, D.; ANFREEFF, A.; KOCH, K.: Über die Verwendung von Ionenaustauschern zur Probenuntersuchung für ^{32}Si-Grundwasseraltersbestimmungen. – Z. angew. Geol., **19**, 8, 398–402, Berlin 1973.

HELGESON, H. C.: Kinetics of mass transfer among silicates and aqueous solutions. – Geochim. et cosmochim. Acta, **35**, 421–469, London 1971.

– Kinetics of mass transfer among silicates and aqueous solutions, correction and clarification. – Geochim. et cosmochim. Acta **36**, 1067–1070, London 1972.

KATER, R.: Erarbeitung eines Verfahrens zur Messung von ^{32}Si in natürlichen Wässern. – Diplomarbeit, Bergakademie Freiberg, Freiberg 1973.

KATER, R.; FRÖHLICH, K.: Einsatz des Radionuklids ^{32}Si in der hydrogeologischen Forschung. – Z. angew. Geol., **23**, 3, 135–139, Berlin 1977.

KRAUSKOPF, K. B.: Dissolution and precipitation of silica at low temperatures. – Geochim. et cosmochim. Acta, **10**, 1–26, London 1956.

LAL, D.; NIJAMPURKAR, V. N.; RAMA, S.: Silicon-32-Hydrology. In „Isotope Hydrology". – Proceedings of a Symposium, 847–868, Vienna 1970.

LANGE, J.: Kombiniertes gravimetrisch-kolometrisches Verfahren zur Kieselsäurebestimmung in Gläsern und Silikaten. – Silikattechnik, **20**, 5, S. 167, Berlin 1969.

LUGE, R. W.; BARTLETT, R. W.; PARKS, G. A.: Dissolution kinetics of magnesium silicates. – Geochim. et cosmochim. Acta, **36**, 35–50, London 1972.

MACKENZIE, F. T.; GARRELS, R. M.: Silice in sea water: control by silicate minerals. – Science, **155**, 1404–1405, Washington 1967.

NIJAMPURKAR, V. N.; AMIN, B. S.; KHARKAR, D. P.; LAL, D.: Dating ground waters of ages younger than 1000–1500 years using natural ^{32}Si. – Nature **210**, 478–480, London 1966.

OESCHGER, H.; GUGELMANN, A.: Das geophysikalische Verhalten der Umweltisotope als Basis für Modellrechnungen in der Isotopenhydrologie. – Oesterr. Wasserwirtsch., **26**, 43–49, Wien 1974.

OKAMATO, G.; OKURA, T.; GOTO, K.: Properties of silica in water. – Geochim. et cosmochim. Acta, **12**, 123–132, London 1975.

PACES, T.: Steady-state kinetics and equilibrium between ground water and granitic rock. – Geochim. et cosmochim. Acta, **37**, 2461–2663, London 1973.

POLZER, W. L.; HEM, J. D.: The dissolution of kaolinite. – J. geophys. Res., **70**, 6233–6240, Washington 1965.

SIEVER, R. S.: Silica solubility, 0°C–200°C, and the diagenesis of siliceous sediments. – J. Geol., **70**, 127–150, Chicage 1962.

WINTER, E.: Ein Beitrag zur fotometrischen Kieselsäurebestimmung in der Glasanalyse. – Glastechn. Ber., **49**, 522–524, Frankfurt a. M. 1968.

WHITE, D. E.; BRANNOK, W. W.; MURATA. K. J.: Silica in hotspring water. – Geochim. et cosmochim. Acta, **10**, 27–59, London 1956.

WOLLAST, R.: Kinetics of the alteration of K-feldspar in buffered solutions at low temperature. – Geochim. et cosmochim. Acta, **31**, 635–648, London 1967.

–; DE BROEU, F.: Study of the behavior of dissolved silica in the estuary of the Scheldt. – Geochim. et cosmochim. Acta, **35**, 613–620, London 1971.

TGL 180-84, Blatt 27: Elektroenergie-Erzeugungsanlagen. Untersuchungsmethoden für Wasser und Dampf-Kieselsäure.

Ein Verfahren zur halbquantitativen spektrographischen Übersichtsanalyse silikatischer Materialien

VOLKE, P., Freiberg (Sa.)

1. Einleitung

Eine qualitative spektrographische Analyse gewinnt erheblich an Informationsgehalt, wenn sie mit halbquantitativen Angaben versehen wird. Zur Charakterisierung von Proben unbekannter chemischer Zusammensetzung sind in vielen Fällen keine quantitativen Vollanalysen erforderlich, sondern derartige halbquantitative Übersichtsanalysen reichen aus. Dies gilt beispielsweise bei der Ermittlung der Probezusammensetzung für mineralogische Untersuchungen und bei der Ausarbeitung von Analysenverfahren, die eine Kenntnis der Matrix erfordern. Das hier beschriebene Verfahren zur halbquantitativen spektrographischen Übersichtsanalyse von silikatischen Materialien erlaubt es, die Konzentration der Elemente in Größenordnungen abgestuft anzugeben. Zur Auswertung der Spektren dient eine s.p.d.-Skala. Auf die Herstellung dieser Skala wird eingegangen.

2. Eichung des Verfahrens

Der mit der Eichung einzuschließende Konzentrationsbereich erstreckt sich, in Größenordnungen abgestuft, von 10% (bei selteneren Elementen 1%) bis zur Nachweisgrenze bzw. bis 10^{-5}%. Da vorwiegend silikatische Materialien analysiert werden, wurde als Grundsubstanz für die Eichproben sehr reiner Quarzsand verwendet.

Mit der Eichung wurden 46 Elemente erfaßt. Sie wurden auf 14 Eichproben (Ausgangsproben) aufgeteilt: 12 Eichproben mit je 10% und für die selteneren Elemente zwei Eichproben mit je 1%. Die Aufteilung der Elemente auf die Ausgangsproben sowie die zur Auswertung benutzten Hauptnachweislinien zeigt Abb. 1. Die Ausgangsproben wurden durch Zumischen der entsprechenden Verbindungen zur Grundsubstanz hergestellt. Bevorzugt sind Oxide, Sulfide und solche Verbindungen benutzt worden, die kein Kristallwasser und keine flüchtigen Bestandteile enthalten. Durch Zusammenfassen mehrerer Ausgangsproben und schrittweises Verdünnen mit Grundsubstanz im Verhältnis 1:10 wurden Eichproben mit kleineren Konzentrationen hergestellt. Abb. 2 stellt den Ablauf der Herstellung dieser Eichproben aus den Ausgangsproben dar. Bei der Aufteilung der Elemente auf die Ausgangsproben und der Zusammenfassung dieser Proben wurde das gemeinsame Vorkommen der Elemente, der Linienreichtum ihrer Spektren, Störungen durch Cyanbanden und vor allem Koinzidenzmöglichkeiten der Hauptnachweislinien berücksichtigt.

Eingang des Manuskripts in der Redaktion: 28. 10. 1976.

3. Arbeitsvorschrift

Die Proben werden im Verhältnis 1:1,5 mit Spektralkohlepulver der Reinheit TO vom VEB Elektrokohle Lichtenberg gemischt. Dazu wird ein ARDENNE-Vibrator vom VEB „Narva“ Brand-Erbisdorf mit Achatmahlwerk nach PETER[1]) benutzt. Als Anregungsgerät steht ein Abreißbogenerzeuger, Typ ABR 3, vom VEB Carl Zeiss Jena zur Verfügung. Dieses Gerät wurde mit einer Gleichrichterschaltung auf der Basis von Silizium-Leistungsdioden, Typ SY 180/6 ausgerüstet. Es wird 15 s mit Wechselstromabreißbogen (0,2 s Impulsdauer, 30 Impulse/min.) vorgebrannt und 90 s bei Anregung im Gleichstromdauerbogen belichtet. Zur Aufnahme der Spektren dient ein Quarzspektrograph, Typ Q 24, vom VEB Carl Zeiss Jena.

Aufnahmebedingungen:

Stromstärke 9 A;
Trägerelektrode (Katode): Bohrung mit 3 mm Durchmesser und 5 mm Tiefe;
Elektrodenabstand: 3,0 mm;
Zwischenblende: 5,0 mm;
Spaltbreite: 0,005 mm;
Dreistufenfilter: 10%, 100%, 50%;
Plattenmaterial: ORWO blau extrahart.

Die Platten werden 4,5 min. bei 19 °C mit 1:4 verdünntem Metatyl-Hydrochinon entwickelt. Die Spektren werden am Spektrenprojektor, Typ SP 2, vom VEB Carl Zeiss Jena ausgewertet. Zur Schwärzungsmessung dient eine visuelle Relativmethode unter Verwendung einer s.p.d.-Skala nach ADDINK (1949), wobei zur größenordnungsmäßigen Konzentrationsbestimmung in den meisten Fällen die 100%-Filterstufe der Analysenlinien benutzt wird.

Das Verfahren wurde mit den Standardgesteinsproben Granit „GM“, Basalt „BM“, Tonschiefer „TB“, Kalkstein „KH“, Feldspat „FK“ und Greisen „GnA“ des Zentralen Geologischen Instituts Berlin, überprüft und seine Anwendbarkeit gezeigt. Lediglich bei Kalkstein lag matrixbedingt bei einigen Elementen (Be, Cu, Cr) der gefundene Konzentrationswert größenordnungsmäßig außerhalb des in TGL 23955 angegebenen Werts.

[1]) Persönliche Mitteilung

Nr.							
1	K 404,4	Ce 418,7					10 %-Ausgangsprobe
2	Na 330,2	La 394,9					10 %-Ausgangsprobe
3	Li 323,2						10 %-Ausgangsprobe
4	Ca 422,7	Sr 346,4	Ba 233,5				10 %-Ausgangsprobe
5	B 249,8						10 %-Ausgangsprobe
6	Be 234,9	Mg 280,3	Al 308,2				10 %-Ausgangsprobe
7	Sn 317,5	Pb 283,3	Sb 259,8	Bi 306,8			10 %-Ausgangsprobe
8	P 253,6	As 235,0	Th 283,7	U 323,2			10 %-Ausgangsprobe
9	Cu 327,4	Ag 328,1	Zn 334,5	Cd 228,8			10 %-Ausgangsprobe
10	Ti 323,5	Zr 339,2	Mo 313,3	W 294,4			10 %-Ausgangsprobe
11	V 318,5	Cr 425,4	Mn 280,1				10 %-Ausgangsprobe
12	Fe 297,3	Co 345,3	Ni 341,5				10 %-Ausgangsprobe
13	Rb 420,2	Cs 455,5	In 325,6	Tl 276,8	Te 238,6	Nb 309,4	1 %-Ausgangsprobe
14	Au 267,6	Hg 253,7	Ga 403,3	Ge 265,2	Ta 271,5	Pt 306,5	1 %-Ausgangsprobe

Abb. 1. Aufteilung der Elemente auf die Ausgangsproben und zur Auswertung benutzte Hauptnachweislinien
(Wellenlängenangaben in nm)

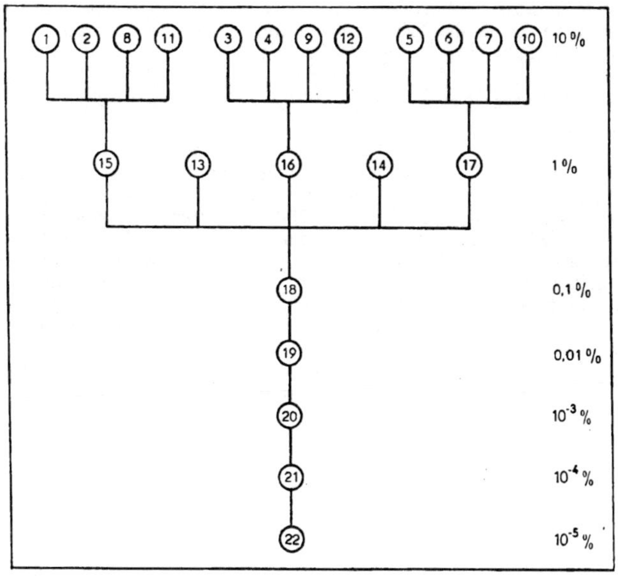

Abb. 2. Schema für den Ablauf der Herstellung von Eichproben aus den Ausgangsproben

4. Zur Auswertung mittels s.p.d.-Skala

Das Prinzip der visuellen Schwärzungsmessung mit s.p.d.-Skala beruht darauf, Schwärzungsgleichheit zwischen der auszuwertenden Spektrallinie und einer Vergleichslinie der Skala festzustellen. Dies ist bei geringen Schwärzungen verhältnismäßig leicht, da der Betrachter in diesem Bereich Schwärzungsunterschiede empfindlich wahrnehmen kann. Je größer die Schwärzung ist, um so geringer wird entsprechend dem WEBER-FECHNERschen Gesetz die Fähigkeit des Betrachters, Schwärzungsunterschiede und damit auch -gleichheit festzustellen. Eine visuelle Auswertung ist aber trotzdem möglich, da mit größer werdender Schwärzung die Linienbreite zunimmt. Schwärzung und Linienbreite ergänzen sich in günstiger Weise.

Vorteilhaft für die visuelle Auswertung ist es, wenn Spektrallinie und Vergleichslinie bei gleicher Schwärzung außer in der Linienbreite noch im Linienprofil und im Farbton übereinstimmen. Aus diesen Feststellungen folgt, daß es als optimal anzusehen ist, die s.p.d.-Skala durch Fotografieren von Spektrallinien herzustellen und Übereinstimmung in Linienprofil und Farbton durch geeignete Kopier- und Entwicklungsbedingungen zu erzielen.

Die Herstellung der s.p.d.-Skala

HEGEMANN & KOSTYRA (1955) beschreiben ein fotografisches Verfahren, bei dem das Negativ durch Kopieren von Spektrallinien auf die gleiche Plattensorte wie die des Originals und das Positiv durch Vergrößern des Negativs und Tonen mit einer Schwefeltonung nach EDER erhalten wird. Bei der hier dargelegten Methode zur Anfertigung einer s.p.d.-Skala ist das Negativ durch Vergrößern von Spektrallinien am Spektrenprojektor SP 2 (Vergrößerung 1:20) und das Positiv durch Kopieren hergestellt worden. Dazu wurde eine Kassette aus schwarzem Karton passend

Zeitschrift für angewandte Geologie, Bd. 24 (1978), Heft 1

für die Spektralplatte des Negativs (ORWO blau extrahart) angefertigt und auf der Projektionsfläche des Spektrenprojektors befestigt. Die Kassette besitzt zwei bewegliche Schieber, die so über die Spektralplatte geführt werden können, daß auf dem Negativ Bildausschnitte von 10 mm Breite lückenlos nebeneinander entstehen. Ein Kassettenschieber ist mit einem weißen Projektionsfeld zur Abbildung der zu fotografierenden Linien versehen. Die Justierlinse des Spektrenprojektors wurde gegen einen Rotfilter ausgetauscht, damit Aufsuchen und Scharfeinstellen der Linie bei Rotlicht vorgenommen werden konnten. Die Projektionslampe des Spektrenprojektors wurde an einen Regeltrafo angeschlossen und zur Negativherstellung 10 s bei 6,3 V belichtet.

Es wurden 21 Spektrallinien abgestufter Schwärzung und Linienbreite fotografiert. Die Schwärzungsdifferenz zwischen zwei aufeinanderfolgenden Linien betrug ca. 0,1 Schwärzungseinheiten. Bei Schwärzungen größer als 1,2 konnte auch die Linienbreite als Unterscheidungsmerkmal herangezogen werden. Die Negativ-Spektralplatte wurde mit Metatyl-Hydrochinon, 1:4 verdünnt, 1,5 min. bei 19 °C entwickelt. Zur Positivherstellung wurde mit Hilfe des Strahlenbündels des Spektrenprojektors auf Fotopapier „Vephota" BN 113, normal, weiß, matt, kartonstark kopiert. Lichtintensität und Belichtungszeit sind variiert worden, um Aufnahmen verschiedener Gradation, d. h. zum Original passenden Linienprofils zu erhalten.

Um farbliche Übereinstimmung mit den auf der Projektionsfläche des Spektrenprojektors leicht bräunlich erscheinenden Spektrallinien zu erreichen, sind die Positive 2—3 min. mit heißer Schwefeltonung[2]) bei ca. 50 °C getont worden. Für die s.p.d.-Skala wurden 29 Linien ausgesucht und fortlaufend numeriert.

Zusammenfassung

Es wird ein Verfahren zur halbquantitativen spektrographischen Übersichtsanalyse silikatischer Materialien beschrieben, das 46 emissionsspektrographisch bestimmbare Elemente in einem Konzentrationsbereich von 10% (bei selteneren Elementen 1%) bis zur Nachweisgrenze bzw. bis 10^{-5}% erfaßt. Als Grundsubstanz für die Eichung dient ein Quarzsand hoher Reinheit. Die Proben werden mit Spektralkohlepulver gemischt und nach Vorbrennen im Wechselstromabreißbogen im Gleichstromdauerbogen angeregt. Die Spektren werden mittels Quarzspektrograph aufgenommen. Zur Auswertung wird eine selbstgefertigte s.p.d.-Skala benutzt.

[2]) Rezepte des VEB Filmfabrik „ORWO" Wolfen

Резюме

Описывается способ для полуколичественного спектрографического обзорного анализа силикатных материалов, охватывающий 46 эмиссионноспектрографически определяемых элементов и пределая концентрации от 10% (у редких элементов 1%) до границы доказательства или же до 10^{-5}%. Основным субстанцом для эталонирования служит кваревый песок высокой чистоты. Пробы смешиваются спектрально-угольным порошком и после сгорания в ломанной дуге переменного тока они возбуждаются в продольжительной дуге постоянного тока. Спектры снимаются спомощью кварцового спектрографа. Для обработки ползуются самосделная шкала.

Summary

A method for the semiquantitative general spectrographic analysis of silicate materials is described and includes 46 elements to be determined by emission spectrography in a range of concentration extending from 10 p.c. (in the presence of rarer elements of 1 p.c.) to the detection limit and to 10^{-5} p.c., respectively. A high-purity quartz sand served as a basic calibrating substance. The samples were mixed with spectral carbon powder, and were excited in the permanent direct-current arc after being burned in the alternating-current break arc. The spectra were recorded by means of a quartz spectrograph, and were evaluated by means of a self-made s.p.d.-scale.

Literatur

ADDINK, N. W. H.: A rapid and accurate method of measuring line intensities in spectrochemical analysis. — Spectrochim.-Acta, 4, 36—42, London 1949.

HEGEMANN, F.; KOSTYRA, H.: Zwei Verfahren zur visuellen Auswertung bei der quantitativen spektrographischen Analyse. — Erzmetall. 8, 7, 319—325, Stuttgart 1955.

Spektrometrische Lösungsanalyse von metallischem Erz mit Hilfe des stabilisierten Lichtbogens

DOERFFEL, K., Leuna-Merseburg; TAGLE, A., Habana de Cuba

Zur spektroskopischen Lösungsanalyse hat sich der stabilisierte Lichtbogen nach HOFFMANN und HOLDT bzw. nach RIEMANN als eine vielfältig einsetzbare Lichtquelle erwiesen (GEHLSEN-LORENZEN u. a. 1972; DOERFFEL & APRADJAN 1974; DOERFFEL 1973; DOERFFEL & SCHLICHTING 1956). Günstige Resultate ergaben sich auch bei der Bestimmung der metallischen Komponenten in kubanischem polymetallischem Erz (Tab. 1). Die an reinen Lösungen gemessenen Konzentrations-Intensitätscharakteristiken zeigen infolge des großen dynamischen Bereichs des stabilisierten Lichtbogens gute Linearität. Die Prüfung auf gegenseitige Störungen der anwesenden Elemente durch Plackett-Burmann-Multifaktor-Pläne ergab, daß bei den auftretenden Konzentrationsverhältnissen keine Intensitätsbeeinflussungen auftreten. Komplikationen ergaben sich jedoch bei der Bestimmung des in durch Koinzidenz mit der starken Argonlinie Ar I 4510,75 Å sowie bei Ge durch seine Flüchtigkeit bei dem üblichen Säureaufschluß. Die durch Ar I 4510,73 Å mögliche Störung der Indiumbestimmung läßt sich unterdrücken auf Grund der sehr unterschiedlichen Anregungsenergien beider Linien (3,08 eV für In; 14,57 eV für Ar). Bei Zusatz von KCl als Puffer und bei Arbeiten mit verminderter Strömstärke (3,5 A statt 5 A) (MARINOWITSCH & DIMILRIOWITSCH 1908) beobachtet man eine deutliche Intensitätsabnahme der Argonlinie (Abb. 1). Zur Analyse diente ein aus Einzelbaugruppen zusammengestelltes Spektrometer, bestehend aus stabilisiertem Lichtbogen mit pneumatischem Zerstäuber (Arbeitsgas Argon), Monochromator SPM 2 (Quarz- bzw. Glasprisma), Photovervielfacher M 12 FQS 35 und Kompensationsbandschreiber G 1 B 1. Die Linienintensität wurde zunächst als Rechtecksignal

Tab. 1. Benutzte Linien und Konzentrationsbereiche

Element	(Å)	Intensität (14)	Konz.-Bereich (ppm)
Cu	3273,96	2500	1,5–25
Ga	4172,05	2000	0 –50
Ge	2651,58	1200	0 –40
In	4511,32	1800	0 –50
Mn	2794,81	1800	1 –10
Ni	3524,54	750	10 –60

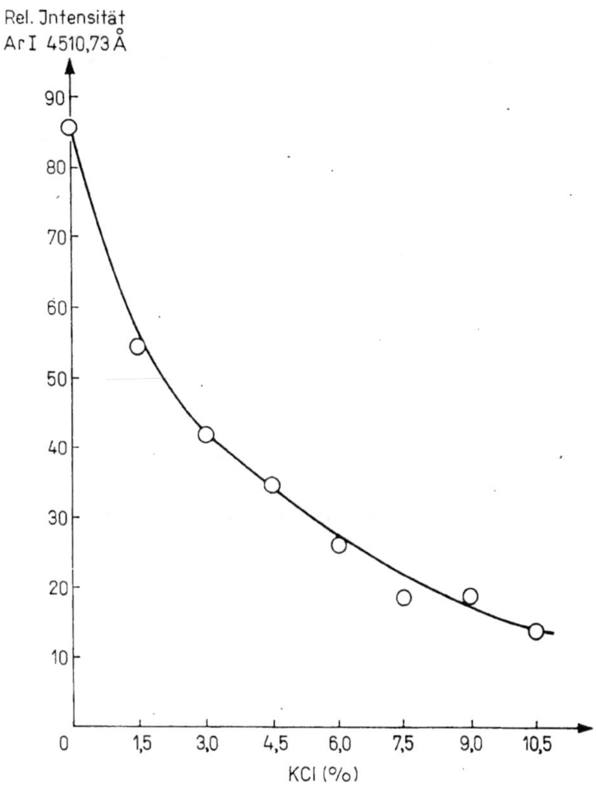

Abb. 1. Einfluß der KCl-Konzentration auf die Intensität der Linie Ar I 4510,73 Å

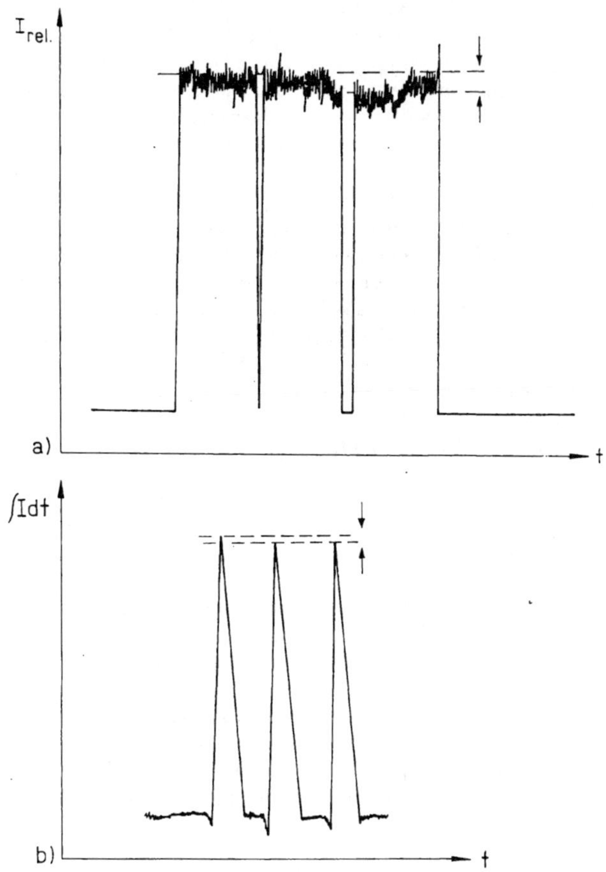

Abb. 2. a) Rechtecksignal, b) integriertes Signal Ge 2651,58 Å, Konz. 20 ppm

(Intensitäts-Zeitdiagramm) vom Schreiber aufgezeichnet. Die später durchgeführte Integration bei fest vorgegebener Integrationszeit (MILDEBRANDT 1969) (10 bis 15 s) lieferte bei leichter auswertbaren Peaks Reproduzierbarkeitsgewinn (Abb. 2).

Die Proben werden mit $HCl/HNO_3/H_2SO_4$ (2:2:1) aufgeschlossen, zweimal mit 5 ml konz. HNO_3 abgeraucht und mit Wasser aufgenommen. Die im Meßkolben aufgefüllten Proben enthalten als Zusätze 0,5% KCl als Puffer sowie 5% Isopropanol (zur leichteren Zerstäubung). In dieser Lösung können die Elemente Cu, Ga, In, Ni, Mn bestimmt werden. Zur Bestimmung des Ge schließt man die Probe mit der fünffachen Menge an Na_2O_2 und der doppelten Menge an NaOH auf. — Die Schmelze wird mit Wasser ausgelaugt, mit H_2SO_4 neutralisiert und eingeengt. Man extrahiert das Ge mit CCl_4 (LUHE & CAMPBAL 1956), reextrahiert mit Wasser und füllt auf. Dieser Lösung gibt man 10% Isopropanol als Zusatz. Die angewendeten Konzentrationsbereiche zeigt Tab. 1., Beleganalysen für die In- und Ge-Bestimmung Tab. 2. Bei einer Einwaage von 2 g lassen sich In-Gehalte $10{-}2\%$ und Ge-Gehalte 10^{-2} $5 \cdot 10^{-3}\%$ bestimmen. Die Reproduzierbarkeit der Messungen entspricht früheren Werten (ca. 5%, SCHRÖN 1975). Im Falle des In und des Ge treten infolge des etwas umständlicheren Analysengangs bzw. der notwendigen Unterdrückung der Argonlinie höhere Zufallsfehler auf.

Tab. 2. Beleganalysen

Element	Probe	gefunden	Standardabw. (%) Variationskoeffizient
In	Mineralog. Standard SF 1 mit 0,071%	0,060 0,068	6%
Ge	Polymetall. Erz mit 0,035%	0,030 0,036	8%

Literatur

DOERFFEL, K.; ARPADJAN, S.: Einsatz des stabilisierten Lichtbogens zur Spurenanalyse in Hochpolymeren. — Jenaer Rdsch., 6, S. 342, Halle 1974.
DOERFFEL, K.; SCHLICHTING, P.: Lösungsspektrometrische Siliciumbestimmung mit dem kaskadenstabilisierten Lichtbogen. — Z. analyt. Chemie, 217, S. 107 (1966).
HOLDT, G.; HOFFMANN, E.: Zur Stabilisierung der Säule elektrischer Lichtbögen in der Spektralanalyse. — Z. analyt. Chemie, 225, S. 114 (1967).
LUHE, C. L.; CAMPBEEL, M. E.: Photometric Determination of Germanium with Phenylfluorone. — Analyt. Chem., 28, S. 1273, Washington 1956.
MARINKOWITSCH, M.; DIMITRIEWITSCH, B.: Low-temperature arc as a light source for emission Spectrometric analysis of solutions. — Spectrochim. Acta, 23 B, S. 257, London 1968.
MEGGERS, W. F.; CORLISS, C. H.; SERIBNER, B. F.: Tables of Spectral-Line Intensities, Part II. — N. B. S. Monograph 32, Part II, Washington 1961.
RIEMANN, M.: Monatsber. dt. Akad. Wiss. Berlin, 5, S. 316, Berlin 1963.
SCHRÖN, W.; RÖSLER, H.-J. u. Mitarb.: Drei neue geochemisch-mineralogische Komplexstandards Galenit GF-1, Sphalerit SF-1 und Pyrit PS-1. Z. angew. Geol., 21, 1, 17–25, Berlin 1975.
Weitere Literatur ist beim Autor einzusehen.

Buchbesprechungen

WORONOW, P. S. (Red.)

Suche, Erkundung und Abbau mariner Erdöl- und Erdgaslagerstätten (russ.)

Leningrad: Isd. Nedra 1975. 191 S., 6 Abb., 2 Tab., 214 Lit., Rbl. 1,61

Die Grundlage für das Buch bildeten Lehrgänge am Leningrader Bergbauinstitut, die jährlich in Kooperation mit weiteren führenden Institutionen zur Qualifizierung auf dem Fachgebiet Meeresgeologie durchgeführt werden. In sieben weitgehend selbständigen Kap. wird — erstmals in der sowjetischen Literatur — ein Überblick über dieses vielseitige Thema gegeben:

1. Prinzipien der Erdöl-Erdgasperspektivitätseinschätzung von Aquatorien und die Aufgaben geologischer Erkundungsarbeiten;
2. die Erdöl-Erdgasperspektivität des Weltozeans und der Meere der UdSSR;
3. marine Erdöl-Erdgaslagerstätten der wichtigsten ausländischen Förderländer;
4. Geologisch-geomorphologische Methoden zur Untersuchung des strukturellen Baus und der geologischen Entwicklung erdöl-erdgasführender Schelfgebiete;
5. die Anwendung geochemischer Verfahren bei der Suche mariner Erdöl- und Erdgaslagerstätten;
6. die Methodik und Technik seegeophysikalischer Untersuchungen auf Erdöl und Erdgas;
7. Stand und Erfahrungen beim industriellen Abbau mariner Erdöl-Erdgaslagerstätten.

Von Interesse ist besonders die Darlegung von spezifischen Aspekten der Erdöl-Erdgassuche auf dem Kontinentalschelf, die weniger geologischer als vielmehr technischer Natur sind. Sie bedingen beispielsweise einen gegenüber dem Festland etwas veränderten rationellen Komplex geologischer und geophysikalischer Suchverfahren. Das Buch führt vor allem auf der Grundlage sowjetischer Erfahrungen in die Besonderheiten der Kohlenwasserstoffsuche unter Seebedingungen ein und verdient Beachtung bei einem wachsenden Kreis von Vertretern verschiedener Fachrichtungen. R. GÖRNER

KOROLJUK, I. K., MICHAJLOWA, M. W. u. a.

Fossile organogene Ablagerungen, Riffe, Methoden ihrer Untersuchung und Kohlenwasserstoff-Führung

Moskau: Verlag NAUKA 1975. 235 S., 98 Abb., 215 Lit., Rbl. 1,56

Die allseitige Erforschung organogener Ablagerungen hat in den letzten Jahren ständig zugenommen. Seit der Entdeckung der ersten Kohlenwasserstoff-Rifflagerstätte 1926 in Nordamerika widmen sich außer Lithologen und Paläontologen auch Erdölgeologen verstärkt der Untersuchung von Ablagerungen organischen Ursprungs. Das Buch gibt eine allgemeine Charakteristik organogener Ablagerungen (Morphologie, lithologische Gesteinszusammensetzung, gesteinsbildende Organismen, Verteilung der Gesteine und der organischen Rückstände in den Ablagerungen sowie Speichereigenschaften). Desgleichen werden die Bildungsbedingungen untersucht.
Es wird eine Klassifizierung organogener Ablagerungen nach lithologisch-paläoökologischen Merkmalen vorgeschlagen, die sowohl für tektonische Analysen als auch für Prognosen der Kohlenwasserstoff-Höffigkeit herangezogen werden kann. Da unter den Geowissenschaftlern keine einheitlichen Auffassungen zur Anwendung der Termini „Riff", „Bioherm" und „Biostrom" bestehen, wurde der Versuch einer Präzisierung der Terminologie unternommen. Die vorgeschlagene Terminologie ist für fossile organogene Ablagerungen verschiedenen Alters aus unterschiedlichen tektonischen Gebieten anwendbar.
Spezielle Kap. befassen sich mit der detaillierten Beschreibung von Feld- und Laboruntersuchungsmethoden. Bei der Einschätzung der praktischen Bedeutung der Riffbauten wird primär auf die Besonderheiten der Suche und Erkundung erdölführender organogener Ablagerungen eingegangen. Im letzten Kap. wird auf die wirtschaftliche Bedeutung des Auffindens von Bauxit, Phosphorit, Manganerzen, Süßwasser und Islandspat in Zonen mit Riffazies eingegangen.
Im Text ist eine Vielzahl von Zeichnungen und Fotos der wichtigsten riffogenen Gesteine enthalten. Das Buch ist für Geologen der verschiedenen Fachrichtungen, insbesondere aber für Erdölgeologen, geeignet. B.-A. DIERL

WINDLEY, B. F. (Hrsg.)

The Early History of the Earth

London—New York—Sydney—Toronto: John Wiley & Sons 1976. 619 S., zahlr. Abb. u. Tab., 19.50 £

Die Frühetappen der Erdentwicklung sind hinsichtlich des exakten chronologischen Ablaufs der sedimentären, magmatischen und tektonischen Prozesse noch wenig erforscht. Zu stark haben oft jüngere Ereignisse das ursprüngliche Bild überprägt, zu selten sind andererseits sichere Kriterien, die zu überregionalen Korrelationen und damit zu verallgemeinernden Interpretationen herangezogen werden könnten. Um einen Schritt vorwärts zur Klärung der offenen Fragen zu tun, war zunächst eine Standsanalyse des gegenwärtig Erreichten erforderlich. Nicht selten — so wird im Vorwort betont — laufen verschiedene Spezialdisziplinen nebeneinander einher, ohne daß sie sich wechselseitig befruchten, ergänzen oder gar zu gemeinsam abgestimmten Aussagen gelangen. Zu häufig weiß der eine nicht was der andere tut, versteht nicht den Aussagewert der in der Nachbardisziplin erzielten Forschungsergebnisse bzw. kann sie zumindest nicht richtig einordnen. Um hier Abhilfe zu schaffen, wurde im April 1975 in Leicester (Großbritannien) ein internationales Symposium abgehalten, auf dem über 140 Spezialisten aus 78 Ländern ihre neuesten Arbeitsergebnisse darlegten und zur Diskussion stellten. Der vorliegende Band faßt die gehaltenen Vorträge zusammen.
Der Inhalt ist thematisch gegliedert. An den Anfang wurden Fragen der Entwicklung des Erde-Mond-Systems gestellt. Daran schließen sich allgemeine Probleme der Tektonik des Archaikums, teilweise unter Anwendung moderner globaltektonischer Modelle, an. Relativ umfangreich sind die Abschnitte über die Genese hochmetamorpher Gesteinsassoziationen (vor allem mit Beispielen aus Grönland) sowie über die Entstehungsbedingungen basischer Eruptivgesteinskomplexe. In einigen Spezialbeiträgen wird über die tektonischen Beziehungen zwischen hoch- und niedrigmetamorphen Gebieten, über Isotopenbestimmungen und einer daraus entwickelten Geochronologie der archaischen Kruste, über das Wärmeregime sowie über geochemische, paläomagnetische und metallogenetische Aspekte des Archaikums berichtet. Ihnen folgen regionale Beschreibungen aus Teilgebieten verschiedener Kontinente (Baltischer, Kanadischer und Afrikanischer Schild). Versuche, erste Aussagen zur archaischen Atmosphäre und Hydrosphäre sowie zu den Anfängen des organischen Lebens in dieser Zeit zu machen, beschließen den Band.
Die einzelnen Beiträge sind nicht untereinander abgestimmt. Es wird daher Unterschiedliches, zum Teil auch Widersprüchliches dargestellt. Trotzdem und wahrscheinlich gerade deshalb ist, wie die Inhaltsübersicht zeigt, eine bemerkenswerte Komplexität erreicht worden. D. FRANKE

GRIGOROWITSCH, M. B.

Die Bewertung von Dekorationsstein-Lagerstätten bei der geologischen Suche und Erkundung

Moskau: „Nedra" 1976. 2. überarb. und erg. Aufl., 151 S., 19 Abb., 61 Lit., 30 Tab.

Die erste Auflage dieses Buchs (1970) war von der Moskauer Volkswirtschaftsaustellung mit einer Silbermedaille ausgezeichnet worden. Verf. und Verlag kann man bescheinigen, daß sie auch mit dieser erweiterten Auflage ein vorzügliches, kurzgefaßtes Handbuch für alle Fachkollegen herausgebracht haben, die sich mit der Suche und Erkundung von Dekorations-

steinen befassen. Die ersten Kap. behandeln die von der Bauindustrie vorgegebenen technischen Anforderungen an Dekorationssteinen, wobei die wichtigsten Einsatzmöglichkeiten angeführt werden. Es schließen sich jeweils geologische, petrographische und physikalische (speziell mechanische) Charakteristika einzelner Dekorationssteinsvarietäten an. Grundlage hierfür ist ein industriell-genetisches Schema (Tab.) mit folgenden Gruppen: Intrusiva, Effusiva, Sedimentite, Metamorphite. Hinweise auf die tektonische Deformierung von Gesteinen und ihre Verwitterung, sowie auf den Einfluß dieser Faktoren hinsichtlich ihrer Qualität schließen diesen Teil ab.
Den zweiten Hauptteil bilden regionale Beschreibungen sowjetischer Dekorationsstein-Lagerstätten und ein Kap. mit ausländischen Lagerstätten. Der dritte Teil befaßt sich mit Fragen der geologisch-lithologischen Untersuchung, Dokumentation und Beprobung von Dekorationsstein-Lagerstätten. Eingehend behandelt werden die Methodik zur Erfassung der Klüftigkeit der Gesteine, die Methodik der Suche, der Vorerkundung und der Detailerkundung (einschließlich der gebräuchlichsten geophysikalischen Methoden) und die ökonomische Bewertung der Lagerstätten von Dekorationssteinen. Die beiden zuletzt genannten Kap. wurden neu in das Buch aufgenommen. Eine Aufzählung der geltenden sowjetischen Standards und der TGL für Natursteine und Erzeugnisse schließt dieses Handbuch ab.
P. Krüger

Leser, H.

Feld- und Labormethoden der Geomorphologie

Berlin/New York: Walter de Gruyter, 1977. 446 S., 91 Abb., 28 Tab., DM 58.—

Mit diesem Buch legt der an der Universität Basel als Professor wirkende Autor ein Kompendium jener Untersuchungsmethoden vor, die heute im Rahmen einer komplexen modernen geomorphologischen Arbeitsweise im Gelände und im Labor zur Anwendung kommen. Das ursprünglich in den zwei Vorläuferbändchen (Geomorphologie I und II) der sechziger Jahre abgehandelte Stoffgebiet wurde nunmehr mit diesem Buch ausgewogen überarbeitet, zusammengefaßt und vor allem im Hinblick auf die eigenständige Entwicklung dieser geowissenschaftlichen Disziplin, die sich in engem Kontakt zu Nachbarwissenschaften (Geologie, Bodenkunde, Sedimentologie u. a.) vollzieht, aktualisiert.
Nach einer kurzen Übersicht über die Grundlagen geomorphologischer Feldarbeiten werden ausführlich (etwa 150 S.) die Technik der Feldbeobachtung und -aufnahme rezenter geomorphologischer Prozesse sowie die Methoden der geomorphologischen Kartierung abgehandelt. Von der Feldbuchführung bis zur Probenahme und Anfertigung der geomorphologischen Karten sind alle wesentlichen Arbeitsschritte und -techniken praktikabel erläutert. Weitere knapp 100 Seiten bringen Ausführungen über Analysentechnik und Laborarbeiten (Grobsedimentanalyse, physikalische und chemische Feinsedimentanalyse), die für geomorphologische Zwecke Anwendung finden können. Ein Hauptabschnitt befaßt sich schließlich mit der Auswertung und Interpretation der Ergebnisse von Feld- und Laborarbeiten und mit ihrer textlichen und graphischen Darstellung.
Das Literaturverzeichnis besteht aus über 700 Titeln. In ihm haben die progressiven Arbeiten sowjetischer Geomorphologen leider keine Berücksichtigung gefunden. Ein Personen- und Sachregister beschließt das auch für Wissenschaftler und Praktiker benachbarter Disziplinen der Geomorphologie instruktive Buch.
W. Wamser

Laughton, A. S. (Co-ordinator)

General Bathymetric Chart of the Oceans (GEBCO)

5th edition, sheet 5.05 (Northern Indian Ocean and Mediterranean). April 1975. Mercator Projection. Scale 1:10000000 at the equator. Heights and depths in metres. Cartography by the Geosience Mapping Section. Canadian Hydrographic Service

Mit dieser Karte liegt das erste Blatt der 5. Auflage des GEBCO-Kartenwerks 1:10000000 vor. Die gesamte Weltkarte umfaßt 16 Blatt in Merkatorprojektion (72° N bis 72° S) und 2 Polkarten in stereographischer Projektion. Die Herausgabe wird vom „Joint IOC/IHO Guiding Committee for the General Bathymetric Chart of the Oceans (GEBCO)" unter Mitwirkung der Akademie der Wissenschaften der UdSSR besorgt und soll bis zur 12. Internationalen Hydrographischen Konferenz 1982 abgeschlossen werden.
Die Tradition des GEBCO-Kartenwerks geht bis auf Empfehlungen des VII. Internationalen Geographischen Kongresses in Berlin (1899) zurück. 1903 erschien die 1. GEBCO-Auflage mit 18400 Tiefenlotungen. Von 1912—1927 wurden die Merkatornetzkarten in 2. Auflage mit 30000 Tiefenwerten herausgegeben. Die Einführung der Echolotung (seit 1922) erforderte eine Neubearbeitung für die 3. Auflage (1932—1955) mit 370000 Tiefenwerten. Einige Karten erschienen auch in 4. Auflage.
Das jetzige Kartenwerk in 5. Auflage ist eine völlige Neubearbeitung. Als Kartengrundlage für die Küstenlinien und die Topographie wird die Weltkarte des Instituts Geographique National (IGN) verwendet. Die mehrfarbige Karte zeigt die Tiefenkonturen mit den Tiefenlinien: 200 m, 500 m, 1000 m, 1500 m usw. Im Maßstab 1:10000000 sind damit alle morphologischen Hauptelemente darstellbar und für eine längere Zeit gültig, da alle Strukturen durch ein ausgezeichnetes Quellenmaterial in den „plotting sheets" 1:1000000 belegt sind. Blatt 5.05 wurde noch 1975 fertiggestellt und als Werbeexemplar an interessierte wissenschaftliche Institutionen sowie an die Delegationen der 3. Session der 3. UNO-Seerechtskonferenz (Genf, Mai 1975) versandt.
P. Kühn

Milaschew, W. A.

Der Diamant. Legenden und Wirklichkeit

Leningrad: „Nedra", 1976, 112 S., 25 Abb., 4 Tab., 11 Lit.

Das gut aufgemachte Buch bringt einen Überblick über die Geschichte der Diamantgewinnung von den Anfängen bis zur Gegenwart. Verf. beginnt bei den legendären Beschreibungen der Eigenschaften und der Entstehung der Diamanten. Von ihren mineralogischen und kristallographischen Eigenschaften leitet er über zur Verarbeitung der Diamanten zu Schmuck. Ausführlich geht er auf die im staatlichen Diamantenfonds des Moskauer Kremls befindlichen Steine „Orlow" und „Schah" ein, beschreibt ihre Geschichte und ihre Eigenschaften ebenso wie die des bisher weltgrößten Diamanten „Cullinan" sowie des „Koh-i-noor", des „Regent" und anderer mehr oder weniger bekannter Steine. Weitere Kap. sind der natürlichen Entstehung und künstlichen Erzeugung von Diamanten gewidmet. Besonders ausführlich geht Verf. auf die natürlichen Bildungsbedingungen der Diamanten, auf die „Pipes", das Kimberlit-Pikrit-Problem, auf die Anreicherung von Diamanten in Seifen ein und beschreibt die Verbreitung der Diamantlagerstätten in der UdSSR und in der Welt sowie die geologischen Suchmethoden. Ein abschließendes Kap. behandelt die Gewinnung von Diamanten im Weltmaßstab.
P. Krüger

Informationen

Die Kursker Magnetanomalie – die größte Eisenerzlagerstätte der Welt

Die Kursker Magnetanomalie umfaßt bei einer Länge von 850 km und einer Breite zwischen 40 und 250 km ein Territorium von 160000 km² (DDR: 108000 km²). Die erkundeten Vorräte an Eisenerz mit einem Fe-Gehalt von 56 bis 69% betragen 40 Mrd. t; 200 Mrd. t Erze besitzen einen Fe-Gehalt von 31 bis 38%. Insgesamt lagern hier etwa ein Drittel aller Eisenerzvorräte der Welt. Um die durch den Abbau entstehenden Umweltschäden so gering wie möglich zu halten, wird ein Teil der Erze unter großem technischen Aufwand im Schacht gewonnen.

Produktion ausgewählter Rohstoffe im RGW

Die im RGW zusammengeschlossenen Länder haben, wie das Statistische Jahrbuch der RGW-Länder, Moskau 1975, nachweist, in der Zeit von 1970 bis 1975 folgende interessante Entwicklung bei der Gewinnung einiger ausgewählter Rohstoffe gemacht:

	1970	1975	1975:1970 in %
Steinkohle und Anthrazit (Mill. t)	365,1	499,2	136,7
Erdgas (Mrd. m³)	218,6	313,2	143,3
Eisenerz (Mill. t)	366,2	450,9	123,1

Phosphatproduktion in Tunesien

Nahe der algerisch-tunesischen Grenze, westlich von Gafsa, wird seit 80 Jahren im Unter- und Übertagebau Phosphat geschürft. Seit der Nationalisierung der Bergwerke im Jahre 1956 entwickelte sich Tunesien mit einer Jahresproduktion von 3 bis 3,5 Mill. t zu einem bedeutenden Phosphaterzeuger. Phosphat ist das Hauptexportprodukt des Landes. Bei Beibehaltung der gegenwärtigen Abbaurate sollen die Vorräte dieser Lagerstätte noch 50 weitere Jahre auszubeuten sein.

Asbest aus Kijembai

Zur Weltproduktion von 1,6 Mill. t Asbest im Jahre 1955 trugen Kanada 60% und die Sowjetunion und China je 16% bei. 1976 belief sich die sowjetische Produktion von Rohasbest auf 2,5 Mill. t; das sind ungefähr 50% der Weltproduktion. Die DDR importierte im Durchschnitt der letzten 6 Jahre 40000 t dieses Rohstoffs aus der UdSSR. Um ab 1980 eine doppelte Menge Rohasbest aus der Sowjetunion beziehen zu können, schloß die DDR 1973, wie im übrigen auch alle anderen europäischen RGW-Länder, einen Investitionsbeteiligungsvertrag mit der Sowjetunion ab. Auf dieser Basis wird die bedeutende Asbestlagerstätte Kijembai, in Kasachstan, erschlossen.
Das abbauwürdige Gestein liegt hier im Durchschnitt in 50 m Teufe, sein Gehalt an Asbest beträgt 4 bis 4,5%; der Tagebau wird stellenweise bis zu einer Teufe von 390 m fortgeführt. Die volle Kapazität des Betriebs wird 1982 mit 500000 t Rohasbest erreicht. Die Halden sind so angelegt, daß die dort lagernden Gesteine mit einer späteren verbesserten Extraktionstechnik noch einmal genutzt werden können.

Mineralische Rohstoffe in Argentinien

Argentinien besitzt umfangreiche Lagerstätten an NE-Metallen, die aber noch nicht genügend genutzt werden. Als ausbau- und steigerungsfähig gelten u. a. die Kupfer- und Manganförderung. Die Kupferlagerstätten werden als ausreichend zur Deckung des Eigenbedarfs mit gewissen Überschüssen für den Export über Jahre hinaus angesehen. Die größten Lagerstätten sind die von El Pachón, in der Provinz San Juan, mit einem geschätzten Vorrat von 790 Mill. t. An zweiter Stelle folgt Bajo de la Lumbrera, in der Provinz Catamarca. Ihre Erschließung und ihr Abbau sind jedoch schwierig, vor allem in El Pachón, das in 4000 m Höhe liegt. Weitere Möglichkeiten für eine erhöhte Ausbeute von mineralischen Rohstoffen werden für Eisenerz beim Abbau der auf 2 Mill. t Erzvorräte geschätzten Lagerstätte Sierra Grande, in Patagonien, gesehen.

Mineralische Rohstoffe vom Meeresboden

In den USA beschäftigen sich seit längerer Zeit einige Gremien mit den Fragen der Exploration und dem versuchsweisen Abbau von Mineralien auf dem Meeresboden. Ihr besonderes Interesse gilt den Elementen Kupfer, Kobalt, Nickel und Mangan, die in den bekannten Knollen bis in eine Tiefe von 5000 m Wasserüberdeckung vorkommen. Man hofft, schon Mitte der 80er Jahre mindestens die Hälfte des US-amerikanischen Verbrauchs an diesen Metallen durch die Gewinnung von Erzen vom Meeresboden decken zu können.
Bestimmte überschlägige Annahmen besagen, daß auf den Böden aller Meere zusammen Kupfermengen für einen Bedarf von ungefähr 6000 Jahren und Nickelvorräte, ausreichend für ganze 150000 Jahre, zu finden seien. Die Vorräte dieser Metalle auf den Kontinenten hingegen reichen nur noch für 40 bzw. 100 Jahre aus.

Kurznachrichten

Der **Volkswirtschaftsplan der DDR** für das Jahr 1978 konzentriert 60% der Investitionen der Industrie in die Bereiche Kohle, Energie, Erzbergbau, Metallurgie, Kali und Geologie. In diesem Jahr werden 254,5 Mill. t Rohbraunkohle gefördert; die Elektroenergie erzeugt 96,8 Mrd. kWh.

Moçambique produzierte 1973 394000 t Kohle, 41000 t Kochsalz, 5600 t Bauxit und 3450 t Kupfererz. Daneben sind vorhandene **Lagerstätten** und Vorkommen von Asbest, Glimmer, Beryllium, Eisen, Kolumbit, Wismut, Uran und anderer Erze und Nichterze.

Die junge **VR Moçambique**, ein durch die frühere Kolonialherrschaft unterentwickeltes Land mit einer Fläche von 784000 km^2 (DDR = 108000 km^2), hat ein Entwicklungsprogramm begonnen. Die **geologische Erkundung** des ganzen Landes nimmt eine bevorzugte Stellung ein; besondere Aufmerksamkeit gilt Erdöl und Erdgas.

Afghanistan baut seine **Kohlenproduktion** aus. In Zusammenarbeit mit der ČSSR, die moderne Förderausrüstungen liefert, will das Land die Kohleförderung in Sabzak von gegenwärtig 5000 t auf 300000 t/a steigern. Afghanistan verfügt neben Kohlen mit Chrom, Kupfer, Eisenerz etc. über wichtige Rohstoffe.

Die **Föderation Malaysia**, vor allem in ihrem Teilstaat Sarawak auf Borneo, will ihre Tagesproduktion von **Erdöl**, die derzeit 180000 Barrel (ein Barrel = 159 l) beträgt, bis Ende des Jahres 1978 steigern. Die Gesamtvorräte werden mit 4 Mrd. Barrel angegeben.

Im Rahmen der **Komplexförderung** werden innerhalb der **Kursker Eisenerzlagerstätte** Vorbereitungen getroffen, ab 1978 neben dem Eisenerz 4 Mill. t Schotter, 12 bis 18 Mill. Würfel Bau- und Glassand und 25 bis 40 Mill. m^3 Kreidemergel für die Zementindustrie zu gewinnen.

Das größte **Kaolinwerk** der **DDR** befindet sich bei Caminau, im Kreis Bautzen. Die bestätigten Vorräte reichen bei verschärftem Abbau für weitere 60 Jahre. Eine neue große Produktionseinheit des Investvorhabens zur Erweiterung der Produktion wird derzeit erprobt.

In der **Republik Kuba** erreichte die **Zementproduktion** die Rekordhöhe von 2,5 Mill. t/a. Damit wurde der Plan mit 6% überboten. Dieser Umstand beweist einmal mehr die Tatsache, daß die Entwicklung des Bergbaus, außer auf den traditionellen Sektoren: Nickel und Erdöl, allseitig vorangetrieben wird.

Das bisher größte **japanische geothermische Kraftwerk** entsteht auf der Insel Kyushu. Es wird eine Kapazität von 50000 kWh Elektroenergie haben. Bis 1986 soll die Energieproduktion unter Nutzung der Erdwärme auf eine halbe Mill. kWh im Jahr steigen. Bei dieser Energiegewinnung sind umfangreiche geologische Arbeiten notwendig.

Die industrielle Aufwärtsentwicklung der **Mongolischen VR** hängt weitgehend von dem Vorhandensein von **Wasser** ab. Nach der Arbeit von 20 Jahren konnten mongolische und sowjetische Hydrogeologen jetzt enorme unterirdische Wasservorräte u. a. in den Hochebenen von Changaj und Chentej nachweisen.

Bezugsmöglichkeiten der „Zeitschrift für angewandte Geologie"

Bestellungen sind zu richten

- **in der DDR** an den Postzeitungsvertrieb; an eine Buchhandlung oder an den Akademie-Verlag, DDR 108 - Berlin, Leipziger Straße 3–4
- **im sozialistischen Ausland** an eine Buchhandlung für fremdsprachige Literatur oder an den zuständigen Postzeitungsvertrieb
- **in der BRD und Westberlin** an eine Buchhandlung oder an die Auslieferungsstelle KUNST und WISSEN, Erich Bieber, 7 Stuttgart, Wilhelmstraße 4–6
- **in Österreich** an den Globus-Buchvertrieb, 1201 Wien, Höchstädtplatz 3
- **im übrigen Ausland** an den Internationalen Buch- und Zeitschriftenhandel; den Buchexport, Volkseigener Außenhandelsbetrieb der Deutschen Demokratischen Republik. DDR - 701 Leipzig, Postfach 160, oder an den Akademie-Verlag, DDR - 108 Berlin, Leipziger Straße 3–4.

„Zeitschrift für angewandte Geologie"

Herausgeber: Prof. Dr. Karl Schmidt, Direktor des Zentralen Geologischen Instituts, Berlin, im Auftrage des Ministeriums für Geologie der Deutschen Demokratischen Republik.

Chefredakteur: Dr. Kurt Kauter, Zentrales Geologisches Institut, Berlin.

Anschrift der Redaktion: DDR - 1054 Berlin, Kastanienallee 69 (Fernruf 2824293/2824593).

Verlag: Akademie-Verlag, DDR - 108 Berlin, Leipziger Straße 3–4; Fernruf: 2236221 oder 2236229; Telex-Nr. 114420; Postscheckkonto: Berlin 35021.

Bank: Staatsbank der DDR, Berlin Kto.-Nr. 6836-26-20712.

Veröffentlicht unter der Lizenznummer 1279 des Presseamtes beim Vorsitzenden des Ministerrates der Deutschen Demokratischen Republik.

Gesamtherstellung: VEB Druckhaus „Maxim Gorki", DDR - 74 Altenburg.

Erscheinungsweise: Die Zeitschrift erscheint monatlich. Die 12 Hefte eines Jahres bilden einen Band. Bezugspreis je Band 144,– M zuzüglich Versandspesen (Preis für die DDR 24,– M). Bezugspreis je Heft 12,– M (Preis für die DDR 2,– M).

Bestellnummer dieses Heftes: 1047/24/1.

Alleinige Anzeigenannahme DEWAG-Werbung, DDB - 1054 Berlin, Wilhelm-Pieck-Str. 49, und alle DEWAG-Betriebe und Zweigstellen der Bezirke der DDR.

AN (EDV) 32138

Zeitschrift für angewandte Geologie 1/78

Herausgegeben vom Zentralen Geologischen Institut Berlin im Auftrag des Ministeriums für Geologie der Deutschen Demokratischen Republik
Verlag: Akademie-Verlag, 108 Berlin, Leipziger Straße 3–4

Иванова, А. А.

Прогностицирование флюоритовых месторождений

Z. angew. Geol., Берлин, **24** (1978) 1, стр. 1–5, 3 табл., 39 лит.

В связи с возрастающим производством стали и алюминия нужно составлять более крупные количества флюоритового концентрата. Статья занимается геологическими задачами (прогноз и разведка) при поисках флюоритовых месторождений. Указывается на закономерности размещения важнейших флюоритоносных формаций и на оценку наденжных областей при помощи математических методов для количественной оценки флюоритовых месторождений (и сопутствующих минералов).

Цигенхардт, В.; Хейнрих, Й.; Рэ, Б.

О влияниях ошибок при петрофизической оценке коллектора и покрывающих пород в трещиноватых породах

Z. angew. Geol., Берлин, **24** (1978) 1, стр. 6–15, 8 илл., 1 табл., 13 лит.

Доказываются влияния значительных ошибок при лабораторных измерений пористости, проницаемости и капиллярного давления материнской породы, что вызвано интензивной трещиноватостью. На примере коллектора в плотных отложениях ротлигендеса количественно оценивают эту ошибку. Только этим возможно реальная оценка материнских свойств коллектора. Естественно, но прежде всего искусственно происхожденные (при обработке технически возникшие) разрывы в испытиваемых телах могут вести при геологической оценке плотности пластов покрывающих пород к неправильным выводам. Это показывается различными примерами для пластов, имеющие ясно покрывающий характер.

Бланкенбург, Х.-Й.

К содержанию рассеянных элементов кварцов в кварцевом песке у Хоенбока

Z. angew. Geol., Берлин, **24** (1978) 1, стр. 15–17, 3 илл., 2 табл., 4 лит.

Возможно было установить отношения между содержанием рассеянных элементов кварцов и их первичным генезисом, которые одновременно можно пользовать в песке у Хоенбока для корреляции. Указывается на значение для геолого-генетических высказываний и для использований сырья.

Мах, Б.

Увовень и развитие общей стоймости для бурения сважин в зависимости от глубины

Z. angew. Geol., Берлин, **24** (1978) 1, стр. 18–20, 1 илл.

Данная работа занимается с поведением стоймости скважин на нефть и газ в зависимости от конечной глубины. На основе результатов от 1970 до 1976 гг. графически и математически доказывается закономерная связь, выражающаяся в парабольной функции $\kappa = am^2 + 6m$. Делаются заключения ввиду будущих работ норматива цен и затрата как и долгосрочных направлений затрат для скважин с до сих пор еще не достигнутых глубин.

Бахманн, Х.

К экономии минерального сырья
Результаты исследования секции Социалистическая организация производства Горной академии в г. Фрейберг

Z. angew. Geol., Берлин, **24** (1978) 1, стр. 20–25, 3 табл., 9 лит.

В общественно-научной области Горной академии г. Фрейберга усиленно проведется исследовательские работы к экономии минерального сырья. Исследования охватывают три комплекса: позиция минерального сырья в народном хозяйстве и в мировом хозяйстве, экономия геологических поисков и разведки как и анализ проблем экономики месторождений. В сотрудничестве с промышленностью и в межотраслевом научном исследовании на ВУЗе решаются теоретически важные вопросы хозяйства минерального сырья и выводятся решения для практики. Для отдельных областей обсуждаются выбранные результаты исследования; характеризуется направление дальнейших исследований.

Кюль, А.

Математическое моделирование месторождений карбонатных пород

Z. angew. Geol., Берлин, **24** (1978) 1, стр. 26–32, 13 илл., 6 лит.

Постоянно возрастающее потребление карбонатного сырья и увеличивающисся требования техники образа действиа геохимической и петрофизической однородности их месторождений требуют применение математического моделирования месторождений. Объясняется некоторые методы Букринского и Немеца, особенно его комплексные пространственные модели. Они являются основой для выработки стратегичных, тактичных и оперативных пространственных и временных моделей, при помощи которых возможно оптимальное планирование разработки.

Путшер, С.; Бахманн, Г.; Кадо, Х.

О методике документации движений склонов

Z. angew. Geol., Берлин, **24** (1978) 1, стр. 33–37, 3 илл., 2 табл., 9 лит.

Речь в этой статье идет от здесь рекомендованных критериев оценки и съемки движений склонов на территории ГДР исключительно о типовых директивах, которые устанавливают основные требования при съемке и оценке при скольжениях. Не нужно их рассмотреть и пользовать как пристальная директива, но возможно по надобности ее дополнять в рамках предложенной схемы. Желание авторов с этой статьей — оживлять унифицирование как документации так и оценки скольжений.

Хэне, Р.

Новые методические аспекты палеогидрогеологического анализа

Z. angew. Geol., Берлин, **24** (1978) 1, стр. 38–43, 4 илл., 2 табл., 17 лит.

Исходя из прежных палеогидрогеологических работ советских и авторов ГДР, представляются методические дополнения и дальнейшие развития, особенно для реконструкции развития гидрогеологических свойств и залегания осадочных пород во время геологической истории. Они также объясняются на примере мезозоя Среднеевропейской впадины. Большое внимание уделяется при этом определению реальной мощности при учете уменьшения порового пространства. Дается сводное изображение палеогидрогеологических критериев аккумуляции или же разрушения полезных компонентов.

Фрэлих, К.; Катер, Р.

Потери ^{32}Si при датировании грунтовых вод с естественным ^{32}Si

Z. angew. Geol., Берлин, **24** (1978) 1, стр. 43–49, 4 илл., 6 табл., 25 лит.

Измеренные ^{32}Si-активности голоценовых грунтовых вод частично значительно меньше, чем ожидаемые, соответствующие начальной ^{32}Si-активности грунтовых вод данные. ^{32}Si-потери раствора после их влияние на пробы пород стало возможно доказать с лабораторными опытами при помощи ^{32}Si-маркированных растворов. Геохимические реакции, которые могут вести к нерадиоактивным потерям ^{32}Si, обсуждаются и оценивается высота этих потерь. Показывается, что измерения ^{32}Si не смотря на еще не достаточно решенных проблемов потерь ^{32}Si, являются ценным дополнением при датировании грунтовых вод спомощью ^{3}H и ^{14}C.

Фольке, П.

Способ для полуколичественного спектрографического обзорного анализа силикатных материалов

Z. angew. Geol., Берлин, **24** (1978) 1, стр. 49–51, 2 илл., 2 лит.

Описывается способ для полуколичественного спектрографического обзорного анализа силикатных материалов, охватывающий 46 эмиссионноспектрографически определяемых элементов в пределах концентрации от 10 % (у редких элементов 1 %) до границы доказательства или же до 10^{-5} %. Основным субстанцом для эталонирования служит кварцевый песок высокой чистоты. Пробы смешиваются спектрально-угольным порошком и после сгорания в ломанной дуге переменного тока они возбуждаются в продольжительной дуге постоянного тока. Спектры снимаются спомощью кварцевого спектрографа. Для обработки пользуются самоседланая шкала.

Дэрффель, К.; Тагле, А.

Спектрометрический анализ растворов полиметаллических руд при помощи стабилизированной световой дуги

Z. angew. Geol., Берлин, **24** (1978) 1, стр. 51–52, 2 илл., 2 табл., 8 лит.

In den nächsten Heften

der

Zeitschrift für angewandte Geologie

erscheinen u. a. folgende Beiträge

KAEMMEL, T.; MÜLLER, E. P.; KROSSNER, L.; NEBEL, J.; UNGER, H.; UNGETHÜM, H.: Sind $HgPb_2$ und (Hg, Pb), gebildet aus natürlichen Begleitkomponenten der Erdgase der Lagerstätten der Altmark, Minerale?

MÜCKE, M.: Rechtsvergleichende Bemerkungen zu der jüngsten Berggesetzgebung der UdSSR und dem Bergrecht der DDR

TICHOMIROW, W. W.: Zur Verwendung ausgewählter Erdgaskomponenten als geochemische Bezugsgrößen

KRETZSCHMAR, H.-J.; SEIME, T.: Numerische Simulation der radialsymmetrischen Gasströmung an einer Bohrung

MAAS, I.; WAND, U.; KAEMMEL, T.: Die Kohlenstoffisotopenzusammensetzung hochinkohlter organischer Substanzen — ein Kriterium zur Charakterisierung ihrer Primärsubstanzen

PANOW, B. S.: Zur Minerogenie von Gebieten autonomer Aktivierung — Beispiel Donezbecken

WOLKOLAKOW, F. K.; POLIWKO, I. A.; AGALZOWA, E. N.; JAKOWLEWA, W. I.: Geologischer Bau und Erdöl-Erdgas-Führung im Aquatorialanteil der Baltischen Syneklise (Referat G. KATZUNG)

FÖRSTER, W.; HÄHNE, R.; WALDE, M.; KÜHNE, R.: Zur Notwendigkeit komplexer geologischer Vorarbeiten für den Abbau von Tonlagerstätten

MAKSIMOW, S. P.: Untersuchung der dispersen organischen Substanz zur Bestimmung von Maßstäben der Erdöl- und Erdgasbildung

HÄHNE, R.; RASCHER, J.: Neue Erkenntnisse bei der Gewinnung und hydrochemischen Charakterisierung von Haftwässern

THIERGÄRTNER, H.: Substantielle Rohstoffklassifizierung und -ausblockung in Kalkvorkommen

SEIFERT, A.: Methodischer Beitrag zur He-, Ar-Isotopenuntersuchung an Grundwässern

...: Radioaktive Elemente in den Gesteinen (Referat W. BEYER)

Neuerscheinungen und Literaturhinweise

BUSEW, A. I.; IWANOW, W. M. u. a.

Die analytische Chemie des Wolframs

Moskau: Verlag Nauka 1976. 237 S., 935 Lit.

TSCHALYSCHEW, W. I.

Die Rhythmizität des Flyschs und der Molasse

Leningrad: Verlag Nauka 1976. 275 S., 51 Abb., 3 Tab., 4 Anl., 144 Lit.

Es, W. W.

Tektonik der Tiefenzonen der kontinentalen Kruste

Moskau: Verlag Nauka 1976. 166 S., 28 Abb., 400 Lit.

IWANOWA, E. N.

Klassifikation der Böden der UdSSR

Moskau: Verlag Nauka 1976. 225 S., 6 Abb., 17 Tab., 363 Lit.

MOSKWITIN, A. I.

Leitprofile des Pleistozäns der Russischen Ebene

Moskau: Verlag Nauka 1976. 209 S., 61 Abb., 9 Tab., 173 Lit.

POORE, R. Z.

Microfossil correlation of California Lower Tertiary sections: A Comparison

Washington: US Gov. Print. Off. 1976. 8 S., 5 Abb., 2 Anl., 27 Lit.
(Geol. Surv. profess. Pap. 743-F)

SAUKOW, A. A.

Geochemische Beiträge

Moskau: Verlag Nauka 1976. 554 S.

TESLENKO, JU. W.

Grundlagen der Stratigraphie sedimentärer Bildungen

Kiew: Verlag Nauk. Dumka 1976. 137 S., 10 Abb., 14 Tab., 7 S. Lit.

TREBIN, F. A.; MAKOGON, JU. F. u. a.

Die Gewinnung von Erdgas

Moskau: Verlag Nedra 1976. 367 S., 205 Abb., 26 Tab., 68 Lit.

WORONOWA, L. G.; RADINOWA, E. P.

Algen und Mikrophytolithe des Paläozoikums

Moskau: Verlag Nauka 1976. 219 S., 41 Abb., 11 Tab., 9 S. Lit.
(Tr. geol. Inst. AN SSSR, Bd. 294a)

...

Europe from crust to core

London: John Wiley & Sons 1977. 202 S.

...

Untersuchungen auf dem Gebiet der Erdölfördertechnologie und -technik

Moskau: WNII 1976. 223 S.
(Tr. WNII, Bd. 54)

...

Kompendium Photogrammetrie, Bd. 12

Leipzig: Geest & Portig K.-G. 1976. 319 S.

...

Marine Geologie

Moskau: Verlag Nauka 1976. 151 S.
(Meshdun. geol. Kongr., 25. Sess., Dokl. sow. Geol.)

MIX
Papier | Fördert gute Waldnutzung
FSC® C083411

Zeitfracht Medien GmbH
Ferdinand-Jühlke-Straße 7
99095 Erfurt, Deutschland
produktsicherheit@kolibri360.de